CONTENTS

U0002449

針與線

蕾絲線的粗細，幾乎都以號碼表示，日本製一般市售號碼為18號～70號。40號為標準粗細，號碼越大的線越細。即使支數相同，也有撚度強弱之分，所以粗細不可一概而論。尤其是外國蕾絲線如下表所示，粗細號碼與日本製不同，請注意。

蕾絲針的粗細以號數表示，０號～12號，數字越大的針越細。此外，粗蕾絲線有時也不用蕾絲針，而用鉤針。鉤針比０號來得粗，以⅔號、⅜號、……數字表示，數字越大針越粗。

最近除了撚度強的普通蕾絲線之外，還有撚度較不強和較粗的線出現。依作品不同，也有細線用粗針的情形，所以很難決定什麼線一定要用什麼針。下表是一般所使用之線與針的關係，這個對照表是個標準的搭配，請把它當成參考用。

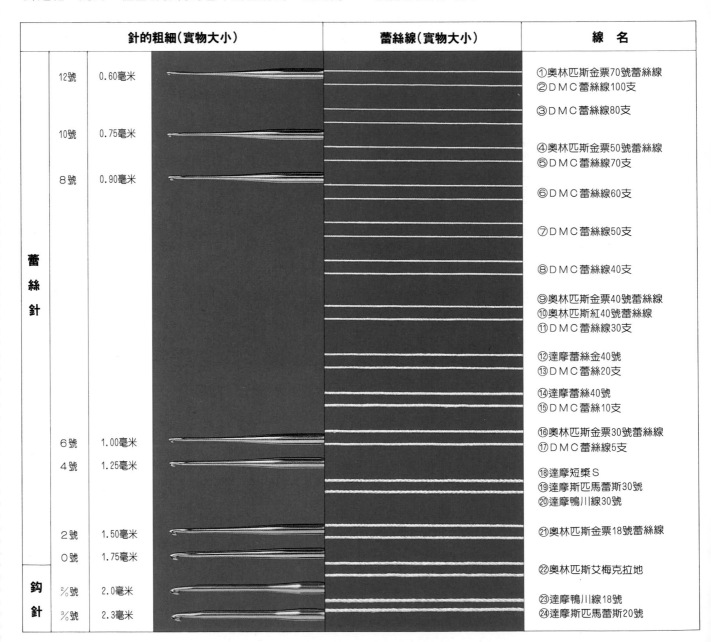

	針的粗細（實物大小）		蕾絲線（實物大小）	線　名
蕾絲針	12號	0.60毫米		①奧林匹斯金票70號蕾絲線 ②ＤＭＣ蕾絲線100支 ③ＤＭＣ蕾絲線80支
	10號	0.75毫米		④奧林匹斯金票50號蕾絲線 ⑤ＤＭＣ蕾絲線70支
	8號	0.90毫米		⑥ＤＭＣ蕾絲線60支 ⑦ＤＭＣ蕾絲線50支 ⑧ＤＭＣ蕾絲線40支 ⑨奧林匹斯金票40號蕾絲線 ⑩奧林匹斯紅40號蕾絲線 ⑪ＤＭＣ蕾絲線30支 ⑫達摩蕾絲金40號 ⑬ＤＭＣ蕾絲20支 ⑭達摩蕾絲40號 ⑮ＤＭＣ蕾絲10支
	6號	1.00毫米		⑯奧林匹斯金票30號蕾絲線 ⑰ＤＭＣ蕾絲線5支
	4號	1.25毫米		⑱達摩短槳Ｓ ⑲達摩斯匹馬蕾斯30號 ⑳達摩鴨川線30號
	2號	1.50毫米		㉑奧林匹斯金票18號蕾絲線
	０號	1.75毫米		㉒奧林匹斯艾梅克拉地
鉤針	⅔號	2.0毫米		㉓達摩鴨川線18號
	⅜號	2.3毫米		㉔達摩斯匹馬蕾斯20號

※ＤＭＣ蕾絲是外國蕾絲線，其他則為日本的蕾絲線。　　※針的粗細規格由針軸的直徑（　）決定。

針的拿法　線的拿法

●線頭的取法

蕾絲線卷成圓形，分別可從外側使用及放入盒內從中心取用2種方法。

將玻璃紙拆除，拿出線頭。

從線的中心拿出線頭，穿過盒子上方的孔往外拉。

●針的拿法（右手）

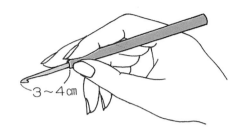

大拇指與食指輕握，中指按住針頭。中指控制針和鉤出針目的任務，所以要能自由移動地輕輕按住針。

 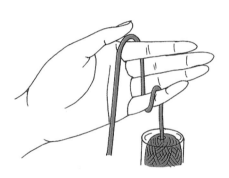 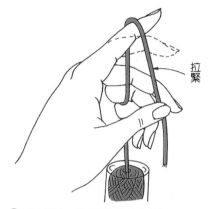

1 通過中央2根手指的內側，線頭掛在手掌上。

2 為了使線的滑動較順利用小指繞一圈，調整線的運送。

3 食指挺立，將線張開使其不鬆弛。

拉緊

⑤

●蕾絲編織的表現

A～F各使用前頁的各種線，同樣編織三葉草（請參照P39）。

A①的線＝蕾絲針12號
B④的線＝蕾絲針10號
C⑫的線＝蕾絲針8號
D⑯的線＝蕾絲針6號
E⑱的線＝蕾絲針4號
F㉑的線＝蕾絲針2號

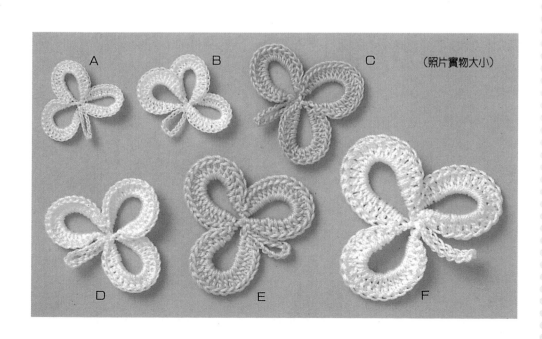

（照片實物大小）

針目的高度 與立針

在編織蕾絲之前，首先必須決定的是先了解針目的高度，以及立針的鎖針數。

●針目的高度

短針	中長針	長針	長長針

短針的高度…1鎖針　　中長針的高度…2鎖針　　長針的高度…3鎖針　　長長針的高度…4鎖針

●立針

立針的鎖針，依針目的高度不同，有算1針和不算1針的場合。中長針以上有高度的針目，立針的針目算1針，短針的立針不相當於短針1針的寬度，所以不算1針。立

針算1針的場合，必需要有立針的台。立針不算1針的場合，則不用做立針的台。

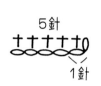 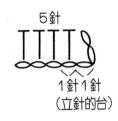 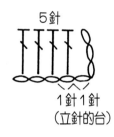 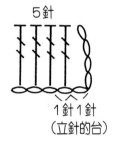

短針…立針不算1針　　　　中長針 ⎫
（不需要立針的台）　　　　長針　 ⎬ 立針的針目算1針
　　　　　　　　　　　　　長長針 ⎭ （需要1針做立針的台）

●記號圖的看法

針目的種類均以記號表示，（請參照P.66的針目記號）幾種記號組合就成了各小裝飾墊等的記號圖。記號圖均為正面所呈現的狀態。

每段都是看著正面鈎織輪編的場合

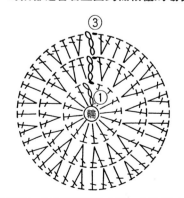

中心做成輪狀，向外側擴張的鈎法，每段都是由正面如記號圖鈎織。

每段正反面交替鈎織的平編的場合

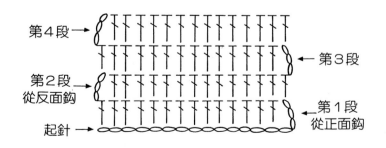

立針的鎖針在右側時，表示是正面，依記號圖由右往左鈎織；立針的鎖針在左側時，表示是背面，依記號圖由左往右鈎織。

最初的針目 起法

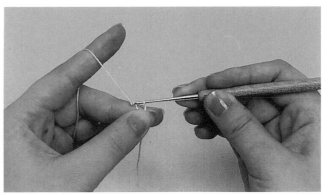

鉤鎖針之前，先得做最初的針目。此針不算1針。

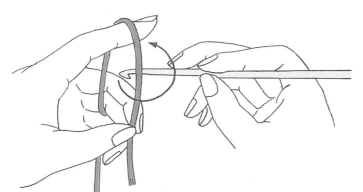

1 針在線後側，如箭頭所示方向針轉1圈。

2 線卷在針上的狀態。

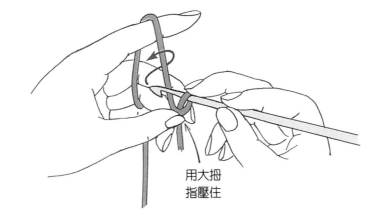

用大拇
指壓住

3 用大拇指及中指壓住線的交點，如箭頭所示移動針掛線。

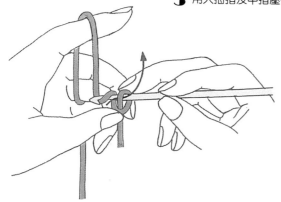

4 從輪狀中心引出線來。

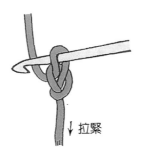

↓拉緊

5 將線頭拉緊。

6 最初的針目完成。此針不算起針數的1針。

鎖針的 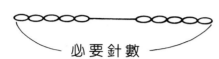 起針

蕾絲編織的起針除了在線端做輪狀的起針（請參照P.9）以外，幾乎均由此鎖針開始鈎織。請參照第7頁最初的針目的起針接下來的1針起算第1針。

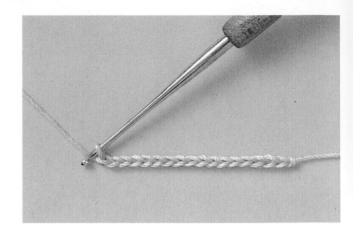

必要針數

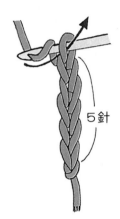

  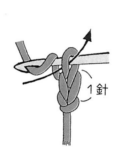

5針

1針

5針

1 針如箭頭所示般移動、掛線。

2 從針上所掛的針環中引出線，鈎出1鎖針。

3 相同的再掛線引出第2針。

4 鈎好5鎖針的狀態。

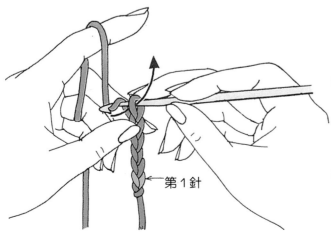

第1針

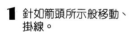

5 繼續鈎出必要的針數。

正面

反面

鎖針的裏山

6 鎖針的正反面。

輪 狀 的 起 針

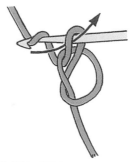

● 將線端做成輪狀

將線端做成輪狀的起針，之後將線拉緊，中心的空隙就不見了。A是初學者也能容易將線拉緊的方法，B則是在將線拉緊時，需要一些秘訣。用鎖針做成輪狀，之後不能拉緊，所以在中心只做幾個鎖針能形成圓形空間即可。

A 最初的針目做成輪狀

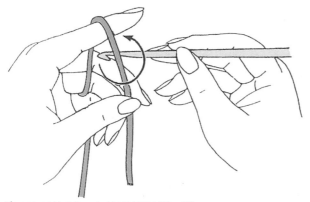

1 針在線的後側，如箭頭所示針繞1圈。

2 圓圈做大一點引出線來，到此就是輪狀的起針。

3 用左手壓住圓圈，鈎織第1段的立針。

B 手指捲線

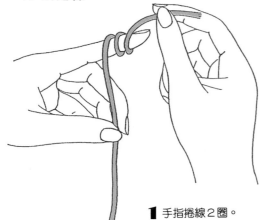

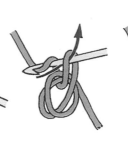

1 手指捲線2圈。

2 手指抽出，左手掛著長線，針由輪狀中引出線。

3 再一次掛線鈎出後拉緊。

4 最初的針目完成。在此不算1針。

● 用鎖針做成輪狀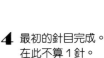

第6針

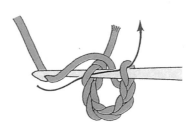

1 起必要的鎖針數，在此以6針作說明。

2 鈎成輪狀，針由第1鎖針的半針穿入。

3 針鈎線後引拔出來。

4 以鎖針作成輪狀的起針。

⑨

基本的織片

蕾絲編織的基礎針目是鎖針、短針、長針。蕾絲編織的花樣是有每段正反交替鉤織的平編、及每段都由正面鉤織的輪狀編織,都是由這三種針法組合構成。各個平編、輪編開始的段,結束的重點在此也需牢記。

●短針

短針的立針是1針鎖針。這個鎖針不算1針,所以不用另做台的針目,從第1針開始鉤短針。第1段的鉤法以鎖針半針與裏山共2線較容易的挑針方法。

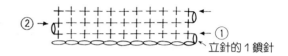

② ← ← 立針的1鎖針 ①

第1段 ★挑鎖針的半針與裏山2線的方法

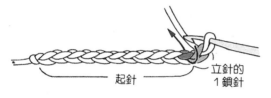

起針 —— 立針的1鎖針

1 起針不要鉤得太緊,繼續多鉤1針立針的鎖針。

2 挑針如箭頭所示,從鎖針正面上側的半針與裏山的2線挑出。

3 將針由起針的第1針的鎖針半針及裏山穿入、掛線後引出線。

4 再一次掛線,2線圈一次引拔出來。

5 鉤好1短針後,反覆**1**~**4**作相同的鉤織。

6 第1段鉤好的狀態。

★**挑鎖針半針的方法**

看著鎖針的正面,由上側的半針(1條線)挑針鉤出。這種方法是最容易挑針,適合初學者,但起針(只挑1條線)容易伸展是其缺點。

立針的1鎖針

★**挑鎖針的裏山的方法**

這是讓起針的鎖針能完整的保留,鉤好後最美的方法。起針側如不再作緣編時,特別這是一種能使端線漂亮的方法。

立針的1鎖針

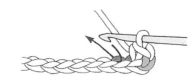

第1段結束・織片的回轉方法

轉向前面

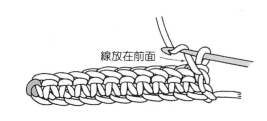

線放在前面

7 第1段鈎好後，移往下一段時，要將織片的左側轉向前面。

8 移往下一段時，線從前面掛在針上。

第2段開始

立針的1鎖針

9 立針的1鎖針，由於這個鎖針不算1針，所以第1針要挑前段右端短針的針頭的2條線，鈎出1短針。

10 接下來每1針都是挑前段短針針頭的2條線，作相同的鈎織。

⑪

第2段完成

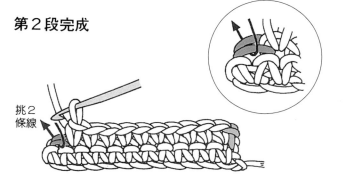

挑2條線

11 左端最後的針目也是挑前段短針針頭2線鈎織。織片的回轉方法與**7**同。

第3段以後

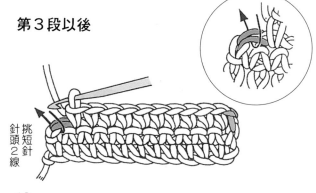

挑短針針頭2線

12 開始時的立針與結束側織片的回轉方法同第2段。

JIS所定之短針記號為×，本社所出版的刊物上，短針記號為十，這是考慮到較容易表現出針目的優點。

★**短針的記號**

	JIS	本社的記號
短　　針	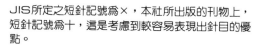	
短針的2併針		

	JIS	本社的記號
短針的3併針		
1針鈎出2短針	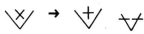	
1針鈎出3短針		

●長針

長針是短針的３倍高，立針是３鎖針。此立針算１針，所以要作１針立針的台，從第２針開始鈎長針。挑針以一般挑起針的鎖針半針及挑鎖針的裏山二線的方法。

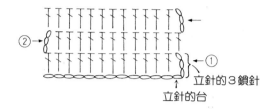

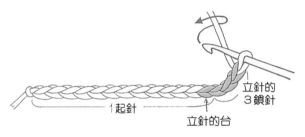

② 立針的３鎖針
立針的台

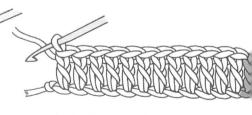

第１段 ★挑鎖針的半針及裏山２條線的方法

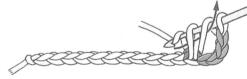

１起針
立針的３鎖針
立針的台

1 立針的３鎖針，針如箭頭方向將線掛上。

2 鈎針如圖所示穿入鎖針的半針及裏山。

3 如箭頭所示挑起鎖針上側半針及裏山２條線。

4 掛線後如箭頭方向引出線來。

5 掛線後先只引拔出２圈。

6 再掛一次線，將剩下的２條線一次引拔出來。

7 長針１針完成。重覆**1**～**6**同樣的鈎織長針。

8 第１段長針鈎完的狀態。

★挑鎖針半針的方法

看著鎖針的正面，挑上側的半針（１條線）鈎出。這個方法最簡單，適合初學者使用。但卻有起針（挑起的一條線）容易伸展，孔容易變大的缺點。

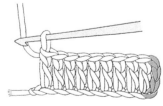

立針的３鎖針
立針的台

第1段結束‧織片回轉的方法

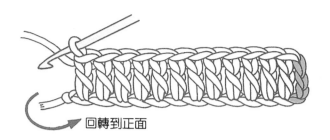

回轉到正面

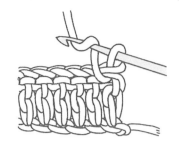

9 第1段鉤好後移往下一段時，織片的左側回轉到正面。

10 下一段的第1針，針從線的前方掛線。

第2段開始

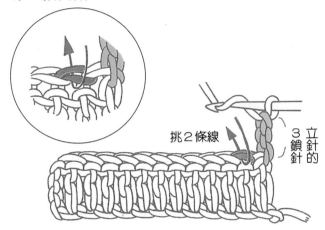

挑2條線

3鎖針的立針

11 鉤立針的3鎖針，鉤針掛線，挑前段長針的針頭2條線鉤織。立針算1針，所以從第1段的第2針開始挑針鉤織。

第2段結束

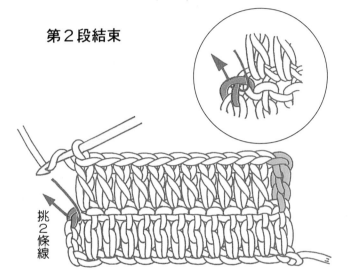

挑2條線

12 左端最後如箭頭所示，挑前段立針的第3鎖針的裏山及外側半針2條線。（第1段立針的鎖針裏側向前。）

第3段以後

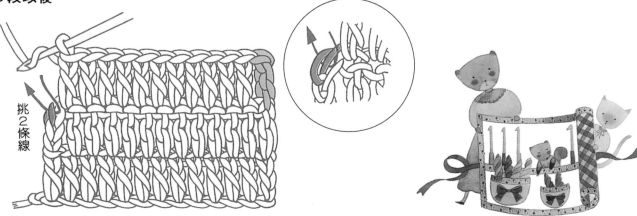

挑2條線

13 每段鉤好後一定要向前回轉，各段開始要鉤立針的3鎖針。左側前段立針的鎖針表側向前，所以挑外側半針及裏山2條線鉤織。

由輪狀 開始鉤織

輪狀的起針開始鉤織的場合，一般第一段常鉤的有很多
種，但都是鎖針、短針、長針組合而成。

● 第1段・鎖針與長針的場合
（第16頁的作品的開始）

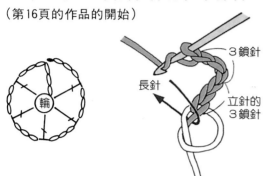 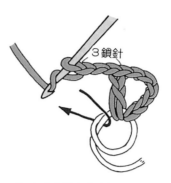 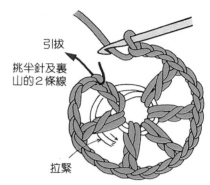

1 以最初的針目作成輪狀為中心，鉤織6鎖針（含立針的3鎖針）。

2 由中心挑束鉤長針1針、鎖針3針，反覆鉤織。輪狀的線都是挑2條線。

3 將中心的線端拉緊，結束時鉤針穿入立針的第3針鎖針中作引拔。

● 第1段・鎖針與長針的場合
（第1、2段是P.26A作品的開始）

 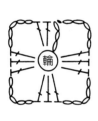 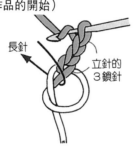 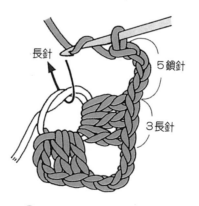 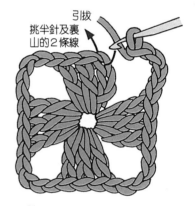

1 以最初的針目作成輪狀為中心，鉤立針的3鎖針。

2 反覆鉤3長針及5鎖針。輪狀的線都是挑2條線。

3 中心拉緊線端，結束時將鉤針穿入立針的第3針鎖針作引拔。

● 第1段・短針與鎖針（網狀編織）的場合
（P.20的作品的開始）

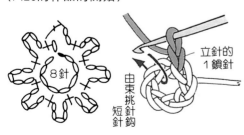  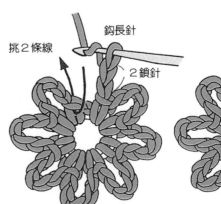 

1 起8鎖針作成輪狀的起針，鉤立針的1鎖針。

2 反覆鉤出1短針、5鎖針，短針是由鎖針挑束鉤出。

3 最後的1山先鉤2鎖針，再和開始的短針鉤1長針作連接。

4 第1段完成。

●第1段・全部短針的場合

（P.26B、C的作品的開始）

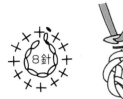
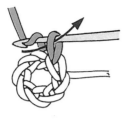

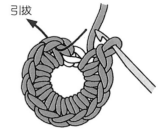

立針的
1鎖針

由束挑針鉤
短針

引拔

1 鉤8鎖針作成輪狀，和
開始的鎖針作引拔接合。

2 鉤立針的1鎖針。
編みます。

3 由中心鎖針挑束鉤出12
針短針。

4 結束時和第1針短針作
引拔接合。

●第1段・全部長針的場合

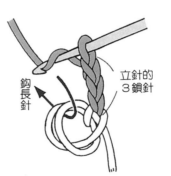

立針的
3鎖針

鉤長針

鉤長針

1 手指捲線做出中心的輪
狀。

2 鉤立針的3鎖針後，鉤
長針。

3 共鉤16針（含立針的1
針）。

⑮

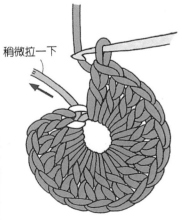
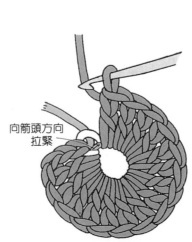
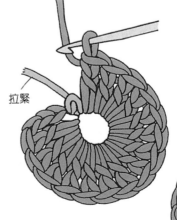
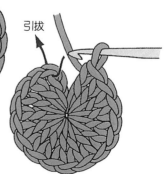

稍微拉一下

向箭頭方向
拉緊

拉緊

引拔

4 線端稍微拉一下，
使中心縮緊。

5 內側的輪狀向箭頭方向拉緊。

6 再拉緊線頭。

7 結束是和立針的鎖針作引拔接合。

⑯

製作／本間さき子

● 材料與用具
　線─奧林匹斯艾梅克拉地　白（801）7g
　針─可樂牌蕾絲針O號
● 成品尺寸　直徑13公分

花樣的鈎織方法

有些人會一針一針的鈎，卻不知如何組合作出花樣。在此利用鎖針、短針、長針等的基本針目組合，鈎織簡單的小茶几墊，請記住花樣的鈎織方法。

起針·將線端作成輪狀

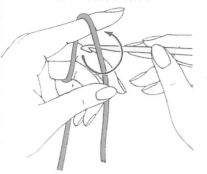

1 針放於線的後側，如箭頭所示針繞1圈。

2 線的交點用左手大拇指及中指壓住，針如箭頭所示掛線。
大拇指壓住

3 從輪狀的中心引出線。
手指壓住交叉點

4 邊以左手大拇指及中指壓住輪狀的下半部邊開始鈎織。
鈎鎖針

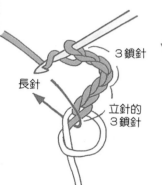

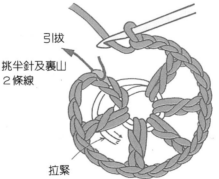

長針
3鎖針
立針的3鎖針

3鎖針

引拔
挑半針及裏山2條線
拉緊

引拔

5 先鈎立針的3鎖針後，再鈎3鎖針，鈎針如箭頭所示，穿入鈎出長針。

6 輪狀內的線一直都是挑2條線。

7 將開始鈎的線拉緊。由立針的第3鎖針作引拔接合。

8 第1段完成。

第2段·由束挑針重覆鈎出5長針、2鎖針

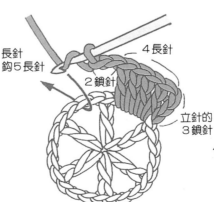

引拔

長針鈎4長針
挑束
立針的3鎖針

長針鈎5長針
2鎖針
4長針
立針的3鎖針

引拔

9 由前一段的鎖針的半針及裏山2線挑針鈎引拔針1針。

10 鈎立針的3鎖針，由第1段的鎖針挑束鈎出4長針。

11 2鎖針、5長針反覆鈎織。

12 鈎2鎖針後，由立針的第3針鎖針穿入作引拔接合。如此即完成第2段花樣。

第3段・由1針鉤出2長針

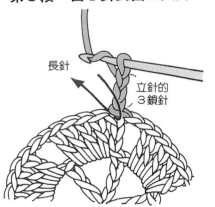

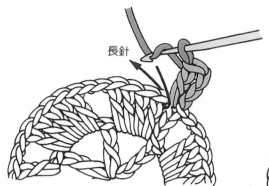

13 鉤完立針的3鎖針後再加針。在前段作引拔的針處鉤長針。

14 每1長針上鉤出1針的共有3針。針如箭頭所示由前段的長針的針頭位置穿入。

15 由1針鉤出2長針。依照記號圖鉤織。

第4段・由鎖針挑束鉤出長針

第5段・長針的2併針、1針鉤出3長針

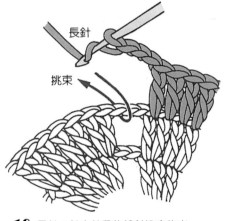

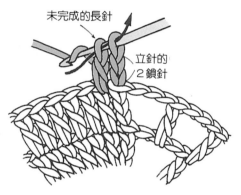

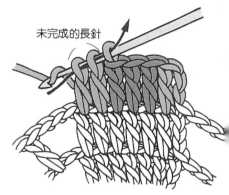

16 長針1針由前段的鎖針挑束鉤出。

17 由於是減針，所以立針只鉤2鎖針，下一針長針如圖所示，鉤未完成的長針，2針作一次引拔出來。

18 長針的2併針。鉤2針未完成的長針，一次引拔出來。

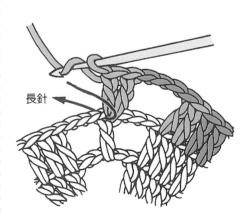

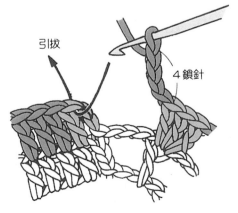

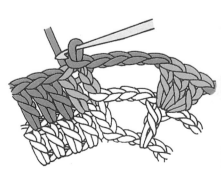

19 鉤出3長針。針由前段的長針依箭頭所示的位置穿入。

20 結束的地方因爲開始有作減針，所以引拔時的針目如圖所示位置穿入。

21 第5段完成。

第7段・3長針的併針

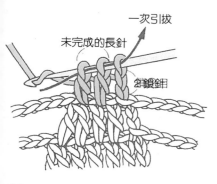

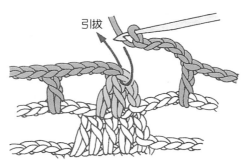

22 鉤立針的2鎖針,再鉤2針未完成的長針然後一次引拔出來。

23 結束時針依箭頭位置穿入作引拔接合。

24 第7段完成。

第8段・鉤3長針的玉針、3鎖針的結粒針

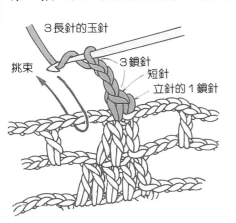

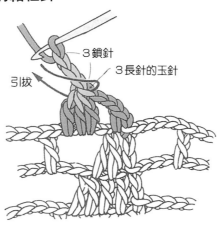

25 鉤裝飾緣邊。由前段鎖針挑束,鉤出3針的玉針。

26 3鎖針的結粒針。鉤3鎖針,如箭頭所示穿入針作引拔。

27 3長針的玉針和3鎖針的結粒針完成。

結束的線頭處理

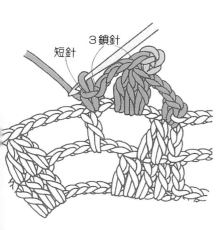

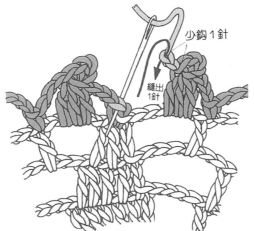

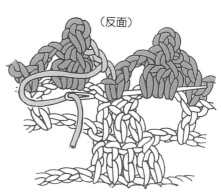

28 由前段的長針鉤出1短針。

29 若是以與本作品相同粗細的蕾絲線鉤織,結束時線頭的處理則如圖所示。

30 線尾藏於反面不明顯處。

使用奧林匹斯金票40號蕾絲線
設計／鈴木陽子　鈎織方法見71頁

以網狀織成圓的基礎及網狀的加針方法

以短針及鎖針組合，鉤織像網一樣的花樣就稱為網狀花樣。網狀編織鉤成圓的場合，有增加鎖針數使圓擴大，及增加網狀的山的方法。

左頁的作品是兩方法併用，在此是鉤到第6段的方法的說明。

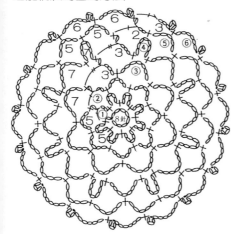

起針・用鎖針鉤成輪狀

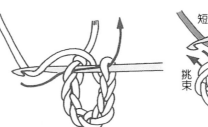

1 鉤8鎖針，針由第1針鎖針的半針穿入掛線作引拔接合。

第1段・網狀編織的基本鉤法

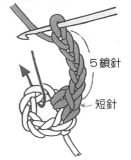

2 鉤立針的1鎖針，由起針挑束鉤出短針。

3 重覆鉤織5鎖針、1短針。

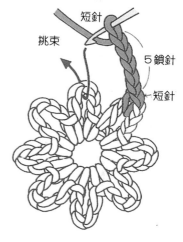

㉑

第1段結束・1山為5鎖針的結束法

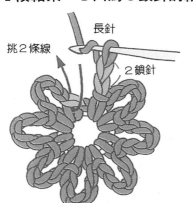

4 最後1山鉤2鎖針，剩下的3鎖針改鉤1長針。

第2段・網狀編織的基本鉤法

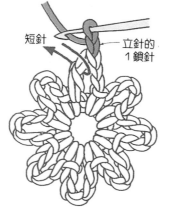

5 鉤立針的1鎖針，由長針挑束鉤出1短針。

6 反覆5鎖針、1短針。短針是由前段鎖針挑束鉤出。

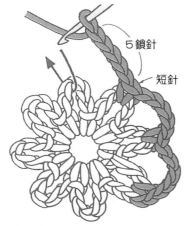

7 短針是在前段1山的中央、稍微鉤緊些是重點。每段的山是交互重疊。

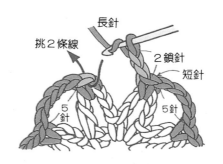

8 為了讓下一段開始處在山的中央，因此最後的1山必須決定鎖針數與代用針法。

9 鉤織長針，第2段網狀花樣完成。

第3段●網狀花樣增加方法（增加鎖針的數目）

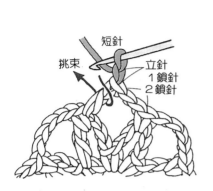

10 與第2段相同要領鈎織，每段開始鈎織的位置會往右移。

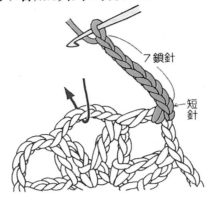

11 1山的鎖針數目為7針。1段的山數照樣，但是網狀會變大。

第3段結束・1山是7鎖針的結束法

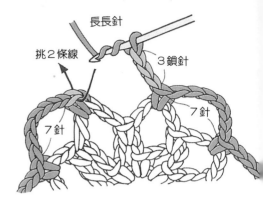

12 最後的1山先鈎3鎖針，剩下的4針改鈎長長針。

第4段●網狀的增加方法（增加山的數目）

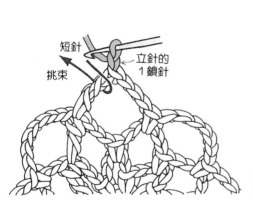

13 開始鈎織與其他的段相同要領。

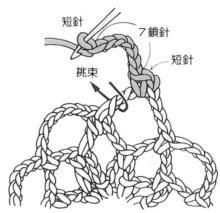

14 由開始的山再多鈎1山。

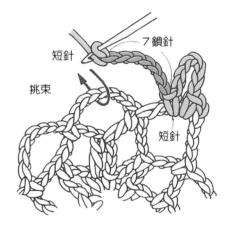

15 移往下一個山。每1山鈎2短針，增加山的數目。

第6段・鈎付有3鎖針的結粒針的網狀編織

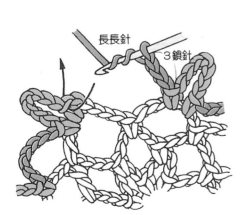

16 結束與12相同要領。以增加山的數目的方法做成各種形狀。

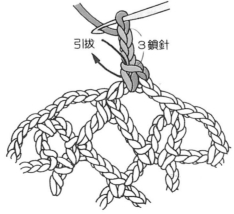

17 在短針之後鈎3鎖針，針如箭頭所示穿入將線引拔出來。

18 3鎖針的結粒針完成圖。在鈎完短針後鈎結粒針。

★ 以引拔針鉤至下一段開始編織處

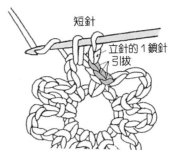

引拔

短針

立針的1鎖針
引拔

1 鉤織結束側，和開始的短針作引拔接合。

2 至第1山的中央作引拔針（此場合是2針）再移往下一段。

 # 網狀的減針方法

● 在兩側各減半個山的方法（5鎖針的網狀編織的場合）

每段都是作正反面交替的鉤織。

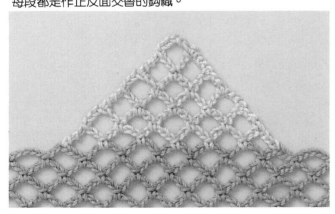

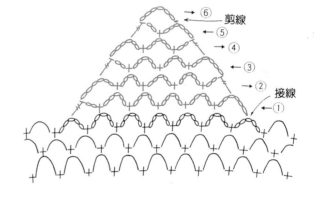

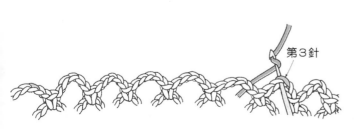

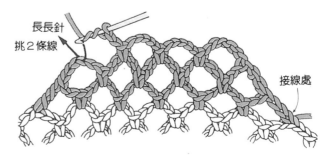

1 由前段1山的中央（此場合為第3針）的鎖針的半針及裏山挑針接線。每次開始編織時均多鉤含短針高度（1鎖針）的鎖針數（此場合為6針）。

2 鉤織結束時，形狀須左右對稱的關係，所以挑針的位置要注意。下一段開始鉤時，須先鉤鎖針（此例為2針）至山的中央，再鉤織相當於剩下的鎖針數（此例為4針）之針法（此例為長長針）。

網狀花樣 平編的鈎織基礎

網狀編織的每段的山交互重疊。因此有開始處與結束處均爲1山的段,及半山的段。在此請牢記兩側的鈎織方法。另外,爲了能鈎出漂亮的網狀花樣,所以鎖針的針目大小相同是很重要的。

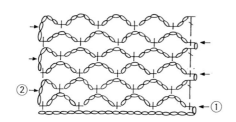

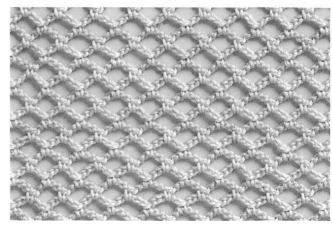

第1段

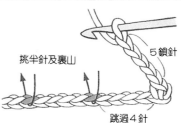

1 鈎立針的1鎖針,再鈎1短針。

2 如箭頭所示挑鎖針上側的半針及裏山2條線。

3 跳過起針4鎖針,由第5針鈎出短針。

第1段結束・換方向

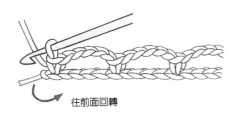

往前面回轉

4 移往下一段時,將織片往前面轉向。

第2段開始・偶數段的開始鈎織

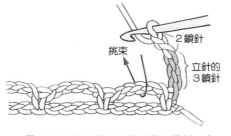

5 鈎立針的3鎖針及半山的2鎖針。在前段鎖針挑束鈎出短針。

第2段結束・偶數段的結束

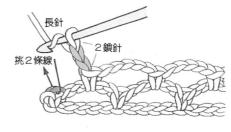

6 結束時先鈎半山的2鎖針,再鈎和開始的3鎖針對稱的長針。

第3段開始・奇數段的開始

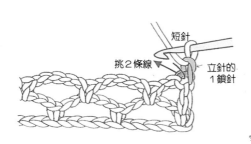

7 鈎立針的1鎖針,由前段長針的針頭挑2條線鈎短針。

第3段結束・奇數段的結束

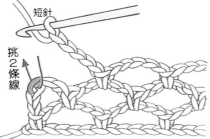

8 結束時挑前段立針的第3鎖針之半針及裏山鈎出短針。

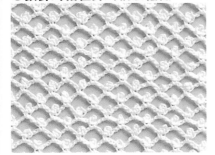

網狀花樣的變化

Crochet Laces

3 鎖針的結粒針的網狀編織

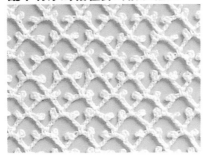

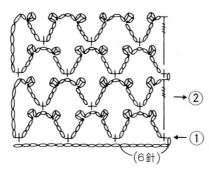

起針數＝4針的倍數＋1針

亂中有序的結粒針的網狀編織

起針數＝6針的倍數＋1針

三葉草狀的結粒針的網狀編織

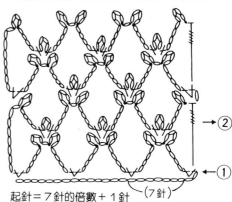

起針＝7針的倍數＋1針

㉕

變化網狀編織

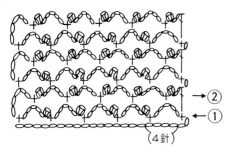

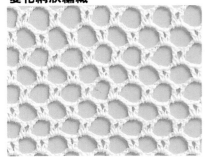

起針數＝5針的倍數＋1針

設計／鈴木陽子
使用奧林匹斯金票40號蕾絲線

加入貝殼編織的網狀編織

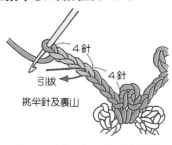

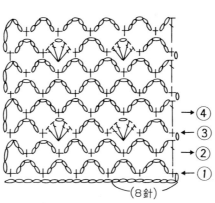

起針數＝8針的倍數＋1針

三葉草狀的結粒針的鉤法

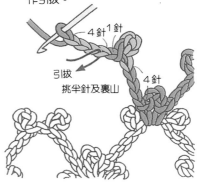

4針
引拔
挑半針及裏山
4針

1 在鎖針上鉤結粒針。鉤結粒針的4
鎖針，再回到4針的第1針鎖針處
作引拔。

4針 1針
引拔
挑半針及裏山
4針

2 引拔時挑鎖針的半針及裏山。

鳳梨花樣

華麗的小茶几墊

A

B

C

㉖

設計／鈴木陽子

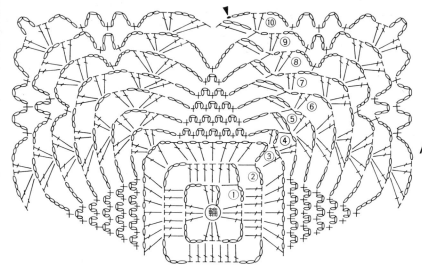

鳳梨編織的基本一般是指在長針處以網狀編織鉤出鳳梨狀，外側再加上貝殼編織作組合。也有如B般的應用花樣，以有立體感的長針的玉針花樣鉤成鳳梨狀。

A ●材料與用具

　線…奧林匹斯金票40號蕾絲線

　　白(801)3 g

　針…可樂牌蕾絲針8號

●成品尺寸　　9㎝×9㎝

●編織方法　參照14頁開始鉤織

●材料與用具

　線…奧林匹斯金票40號蕾

　　絲線白(801)3 g

　針…可樂牌蕾絲針8號

●成品尺寸　直徑10㎝

●編織方法　參照15頁開始鉤織

B

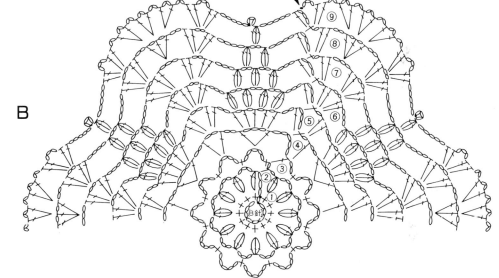

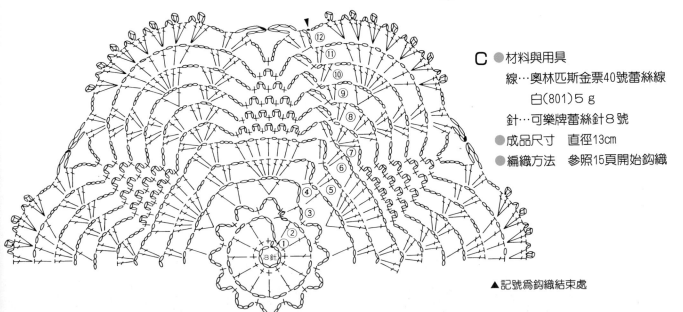

C ●材料與用具

　線…奧林匹斯金票40號蕾絲線

　　白(801)5 g

　針…可樂牌蕾絲針8號

●成品尺寸　直徑13㎝

●編織方法　參照15頁開始鉤織

▲記號為鉤織結束處

方眼編織

可愛的心型茶几墊

使用達摩蕾絲金40號
製作／本間さき子　鉤織方法見72頁

28

基本的 織片

　方眼編織也稱為格子編織，基本上是由長針與鎖針組合成的正方形，想作出圖案時則鉤上長針來顯出。1個格子的縱（長針1段）與橫（2鎖針與1長針）尺寸相同則成正方形。盡可能保持此均衡狀態。

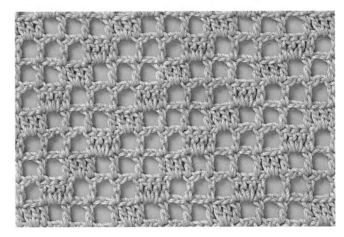

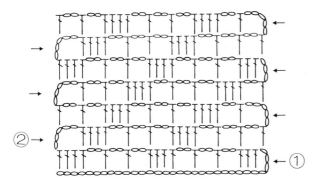

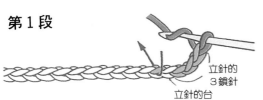

第1段

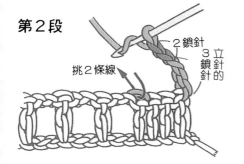

1 鉤立針的3鎖針。為了填滿方格，所以針依箭頭位置挑針。

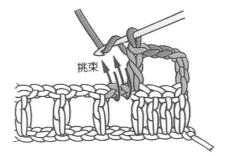

2 繼續鉤2長針。第2針當成是與下一方格的分界的針目。

3 接下來是普通的方格，所以鉤2鎖針，再鉤交界的長針。繼續以同樣的要領鉤織。

第2段

4 鉤立針的3鎖針。繼續鉤2鎖針、再鉤交界的長針。

5 前段的方格是普通方格時，由鎖針挑束鉤出長針。

6 交界的長針由前段長針的針頭挑2條線鉤織。第2段結束，第3段以後的左側挑針參照13頁的長針。

上述編織記號以圖案表示。（圖案看法參照下頁）

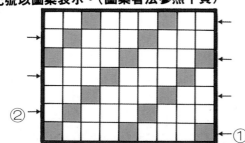

基本

普通的方眼編

長針的方眼編

㉙

圖案的看法及 鈎織方法

　　方眼編織的圖不以編目記號表示,而是使用在方格中畫上圖案的方法。以圖案表示符號,是與編目記號有關的方眼編的獨特表示方法。符號與記號的對照表不要看錯,試著鈎鈎看下面的迷你作品。

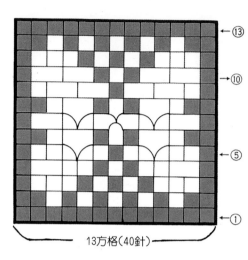

← ⑬
← ⑩
← ⑤
← ①

13方格(40針)

基本

長針的方眼編

普通的方眼編

變化的記號

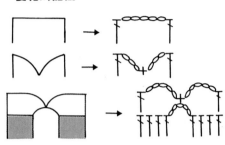

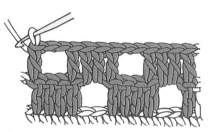

第2・3段

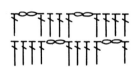

1 長針是由前段的鎖針挑束鈎出。

2 交界的長針是由前段長針的針頭挑2條線鈎織。

第4・5段

1 在前段鎖針上鈎交界的長針。

2 確實的挑鎖針的半針及裏山。

第4・5・6段

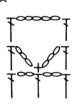

1 2方格的1花樣。

2 鈎鎖針3針,中心則鈎短針。

3 下一段為2方格的5鎖針的組合。

第6・7段

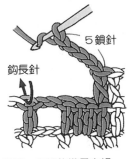

1 跳過1方格的橫長方格。

2 5鎖針須注意針目的大小鈎織。

第6・7段

1 注意短針的針足不要鬆弛。

2 注意兩側的長針不要變短。

第8・9段

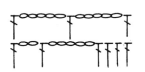

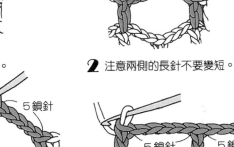

1 橫長的方格鈎成交互的組合。

2 這樣形就不會走樣。

第10・11段

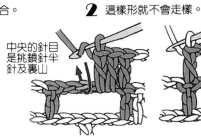
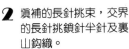

1 在橫長的方眼編上鈎2方格。

2 塡補的長針挑束，交界的長針挑鎖針半針及裏山鈎織。

3 普通方格爲2個的場合，中央交界的長針也相同要領。

第5・6・7・8・9段

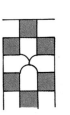
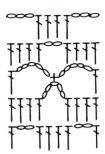

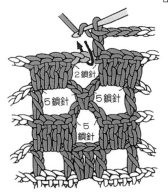

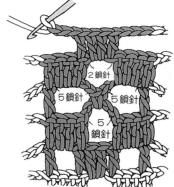

1 3方格5段爲1花樣。

2 第8段的長針，3針都作由束挑針較爲漂亮。

方眼編的加針方法

● 在開始處增加1方格

普通的方眼編

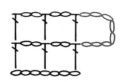

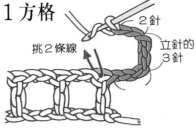

1 織片回轉時先作1方格的起斜3針、再鉤立針的鎖針3針、1方格分的鎖針2針。

2 交界的長針由前段長針的針頭挑2條線鉤織。

3 增加1方眼編的完成。爲了保持方格整齊,請注意鎖針大小。

填補長針的方眼編

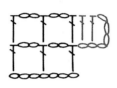

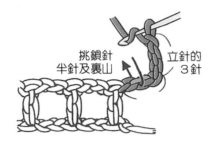

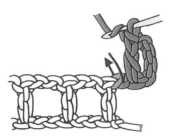

1 將織片回轉作1方格的起針3針,及立針的鎖針3針,共計6針。

2 填補的長針挑起針的鎖針半針及裏山。

3 交界的長針由前段長針的針頭挑2條線鉤織。此時增加1方眼編完成。

● 結束處增加1方格

普通方眼編

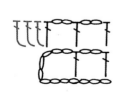

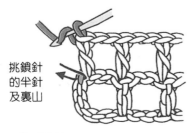

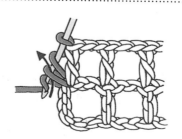

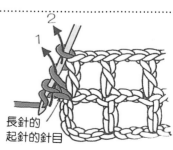

1 鉤1方眼編分的2鎖針。接下來的3卷長針,挑與前面長針相同的挑針處。

2 掛線後引出線來。再掛線引出線,依數字順序反覆鉤織。

3 增加1方眼編的完成。注意方眼編的大小相同。

以長針填補的方眼編

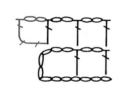

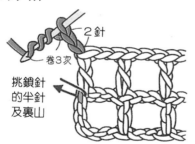

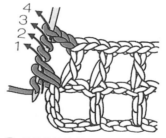

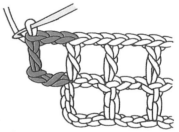

1 鉤付有起針的長針。鉤針掛線的位置與前面長針相同。

2 鉤出的線稍拉緊些。鉤針如箭頭所示將線引出。

3 長針的起針完成。接下來就像鉤織普通的長針一樣,掛線引拔出來。

● 在開始處增加2方格

普通的方眼編

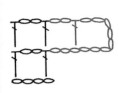
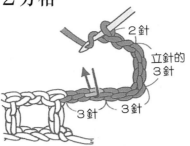
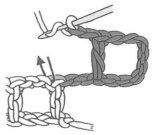
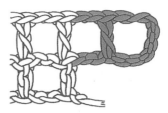

1 將織片回轉做2方格的起針6針、鉤立針的3鎖針、1方眼格分的鎖針2針。

2 交界的長針由起針的第3鎖針挑鎖針的半針及裏山鉤織。

3 增加2方眼格以上時,要也是配合方眼格的數目起針,以相同要領鉤織。

填補長針的方眼編

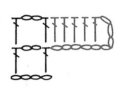
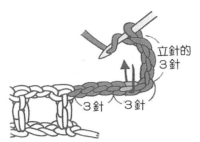
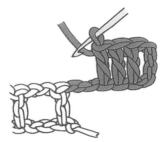
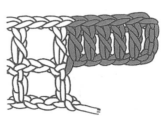

1 將織片回轉作2方格的起針6針,及立針的3鎖針,共計鉤9針。

2 挑起針的鎖針的半針及裏山,鉤織填補的長針及交界的長針。

3 增加2方眼編以上時,要配合方格數作起針,以相同要領鉤織。

● 在結束處增加2方格

普通的方眼編

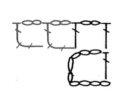
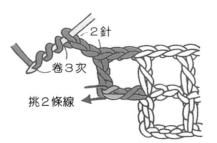
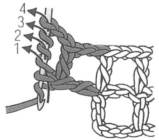

1 先增加1方格,鉤第2方格的2鎖針。3卷長針則由挑前段3卷長針的針足鉤出。

2 掛線後引線出來。再依數字順序反覆掛線、引出線來。

3 重覆 **1・2** 可任意增加需要的方格。

以長針填補的方眼編

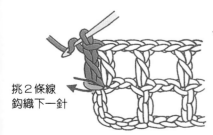
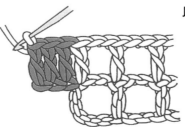
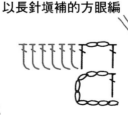
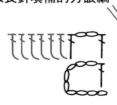

4 付有起針的1長針完成。第2針是挑第1針起針的2條線。

5 重覆 **2~4**,增加1方眼格完成。注意起針的台的針目大小。

6 增加2方格分(6針)完成。重覆 **2~4** 可增加所要的方格數。

●在開始處減少1方格　想減針的段的一開始處的操作。

普通方眼編

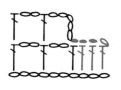

引拔　3 2 1　1鎖針

2針　立針3針

1 將織片回轉先鈎1鎖針。挑前段的鎖針的半針及裏山作2針的引拔針。

2 爲了要在前段交界的長針正上方鈎立針的鎖針，所以必須再引拔1針後才鈎立針。

3 減少1方格完成。這方法比結束時減少1方格來得簡單。

以長針填補的方眼編

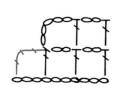

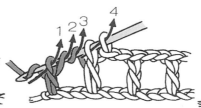

引拔　2 1　1鎖針

1 將織片回轉鈎1鎖針。由填補的長針的針頭挑2條線引拔。

2 爲了要由前段交界的長針正上方鈎立針的鎖針，所以必須再多引拔1針。

3 減完1方格的狀態。這方法比在結束側作減一方格來的簡單。

●在結束處減少1方格　由於要改變至下一段開始鈎的位置，所以在想減針的段的前一段操作。

普通的方眼編

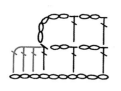
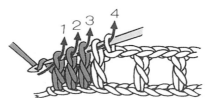

未完成的長針　卷3次　未完成的長針

1 2 3 4

1 鈎未完成的長針，此時鈎針上有2線圈再多卷3次線。

2 鈎1未完成的長針，掛線，先引拔1針、接著2針，第4次將最後3針一次引拔。

3 下一段開始鈎織處已減少一方格的狀態。

以長針填補的方眼編

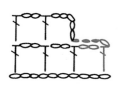

鈎4針未完成的長針1
4 3 2

1 2 3 4

1 鈎4針未完成的長針。

2 依數字順序反覆掛線及引拔。注意方格的大小。

3 下一段開始鈎織處已減少一方格的狀態。

●在開始處減2方格

普通的方眼編

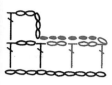

引拔　3 2 1　1鎖針

引拔　6 5 4

1 將織片回轉鉤1鎖針，由前段交界的長針挑針頭2線、前段的鎖針是挑半針及裏山的2條線。

2 照順序作引拔針。2方格是6針、3方格是9針、4方格是12針。

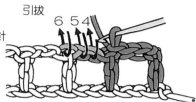

3 配合想減的方格數決定引拔的針數。

以長針填補的方眼編

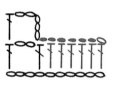

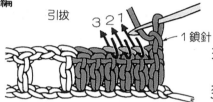

引拔　3 2 1　1鎖針

6 5 4

1 將織片回轉鉤1鎖針。將填補的長針及交界的長針均挑針頭的2條線。

2 依序作引拔針。2方格是6針、3方格是9針、4方格是12針。

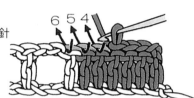

3 配合想減的方格數決定引拔的針數。

●在結束處減少2方格

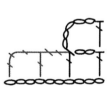

卷3次鉤
未完成的長針
卷3次
鉤未完成的長針
2針　2針

1 2 3 4 5 6　7

1 在下一段開始處鉤未完成的長針。重覆卷線3次鉤1針未完成的長針。

2 掛線、開始時引拔1針、接著2針、最後3針一次引拔。

3 注意方眼格的大小須鉤織整齊。

以長針填補的方眼編

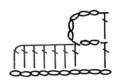

1
7 6 5 4 3 2

1 2 3 4 5 6　7

1 從下一段開始編織處開始，鉤織必要數的未完成的長針。

2 掛線開始引拔1針、接著2針、最後3針一次引拔。

3 注意方格的大小須鉤織整齊。

斜線的 加減針

●在開始處作斜線的增加

不填補長針的增加

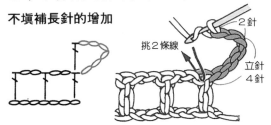

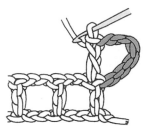

1 因為是斜線，所以鉤鎖針4針作為立針。繼續多鉤1方格分的2鎖針。

2 由前段結束的長針針頭挑2條線鉤長針。

以長針填補的增加

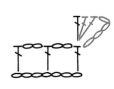

鉤鎖針4針的立針，由前段結束的長針針頭挑2條線，鉤出3長針。

●在結束處作斜線的增加

不填補長針的增加

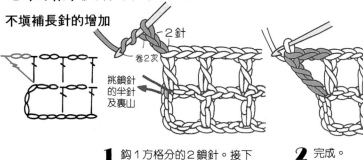

1 鉤1方格分的2鎖針。接下來的長長針由與前面長針挑相同的位置鉤出。

2 完成。

作長針填補的增加

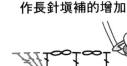
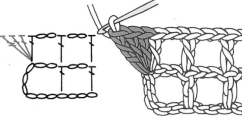

鉤出3長針。因為是斜線，所以第4針的長針也是由相同處鉤織。

●在開始處作斜線的減針

不填補長針的減針

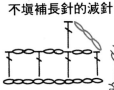

1 在開始的位置鉤2併針。鉤鎖針3針作為立針、再鉤未完成的長針。

2 掛線作2併針的引拔。

有長針填補的減針

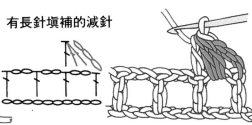

鉤鎖針3針的立針，注意挑針鉤出未完成的長針3針作一次引拔。

●在結束處作斜線的減針

不填補長針的減針

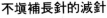
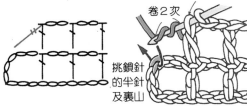

1 長針及長長針的2併針。從未完成的長針之後，鉤未完成的長長針。

2 最後鉤針上的3線圈一起引拔出來。

以長針填補的減針

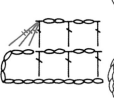

注意將挑針鉤出的未完成的長針3針及未完成的長長針1針，一次引拔出來。

接合方法

Crochet Laces

● 以鎖針連接（在開始處增加2方格以上的應用）

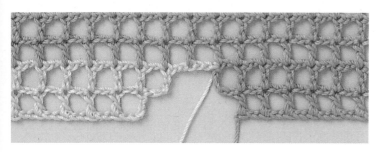

先鈎好並預留20cm的線，接著鈎一
2段後取下針，線暫時休息。

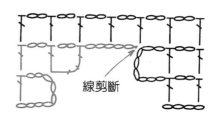

線剪斷

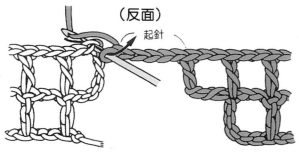

（反面）
起針

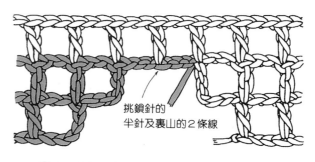

挑鎖針的
半針及裏山的2條線

1 回到先前休息的針目，和左側立針的第3鎖針作引
拔接合。

2 下一段起用休息的線鈎織。這是比以下簡單
的方法。

37

● 邊增加方眼編邊連接（在結束側增加2方格以上的應用）

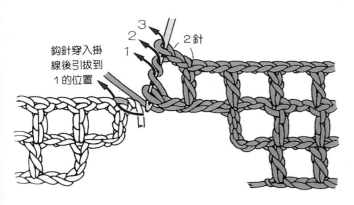

一先鈎織好將線剪斷，接
著用一鈎織全部。

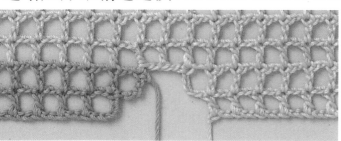

線剪斷

鈎針穿入掛
線後引拔到
1的位置

3
2
1
2針

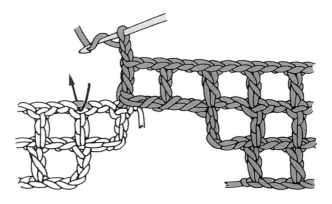

1 做方格至想要連接的位置，在最後方格的中途連接。

2 繼續鈎織全部。注意方眼編的整齊。

愛麗絲蕾絲花樣

野薔薇的小茶几墊和小圖案花樣

使用達摩蕾絲金40號
製作／本間さき子　鉤織方法　茶几墊─73頁
A─39頁　B─40頁　C─73頁　D─45頁
E─42頁　F─43頁　G─44頁

三葉草

愛麗絲的蕾絲花樣，在中世紀後期，以威尼斯爲模型，開始於英國的愛爾蘭地方。三葉草是愛爾蘭的國花，爲經常被使用的圖案花樣之一。爲了呈現出立體感，有如下圖

般以鎖針當蕊心的鈎織方法，也有另以線作蕊心的鈎織方法。

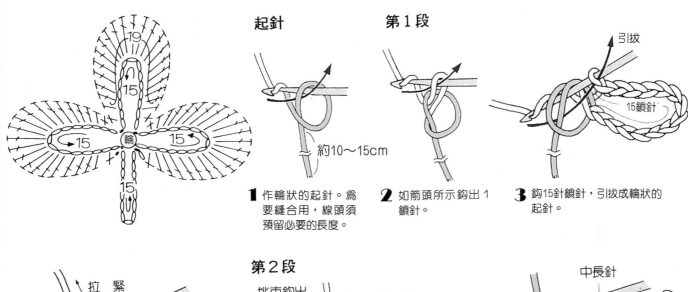

起針

第1段

1 作輪狀的起針。爲要縫合用，線頭須預留必要的長度。

約10～15cm

2 如箭頭所示鈎出1鎖針。

3 鈎15針鎖針，引拔成輪狀的起針。

15鎖針

引拔

第2段

拉緊

4 重覆3次，將開始鈎織的線頭拉緊。

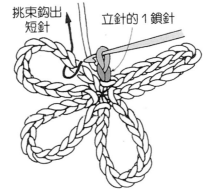

挑束鈎出短針   立針的1鎖針

5 鈎立針的1鎖針，由鎖針挑束鈎短針。

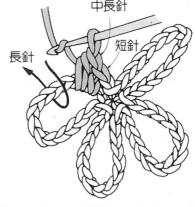

中長針

長針   短針

6 鈎1針中長針、19針長針。

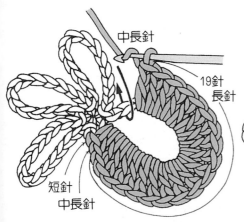

中長針

19針長針

短針
中長針

7 依序鈎1針中長針及1針短針。

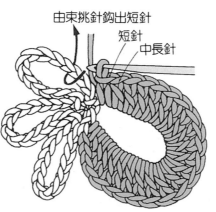

由束挑針鈎出短針
短針
中長針

8 不鈎立針，反覆**5**～**7**。

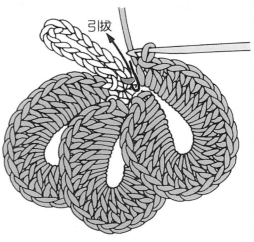

引拔

9 最後在第1段的引拔針作引拔。

39

野薔薇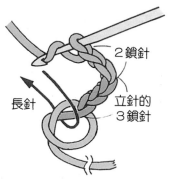

薔薇是英國的國花、愛麗絲蕾絲的圖案花樣是大家最熟悉的一種。有正統的5花瓣的薔薇，也有容易接合的6花瓣（參照下圖）、8花瓣的單層、及雙層的應用。

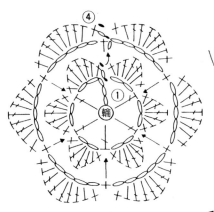

起針

1 作輪狀的起針。爲要縫合用線頭須留必要的長度。

約10～15cm

2 如箭頭所示鉤出1鎖針。

第1段

2鎖針
立針的3鎖針
長針

3 鉤5鎖針、1長針。

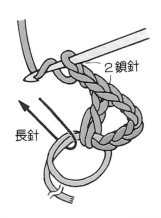

2鎖針
長針

4 作輪狀的起針、都是作2條線的挑針。

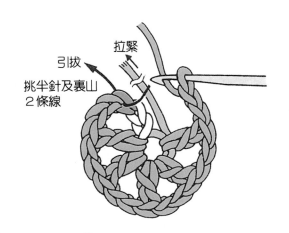

引拔
拉緊
挑半針及裏山2條線

5 拉緊開始鉤的線。

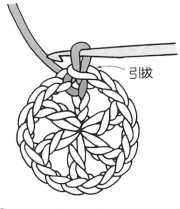

引拔

6 由立針的第3鎖針作引拔出。

第2段

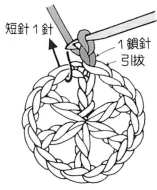

短針1針
1鎖針
引拔

7 鉤立針1鎖針後開始鉤織花瓣。

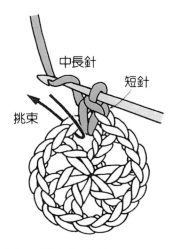

中長針
短針
挑束

8 由前段鎖針挑束鉤出短針。

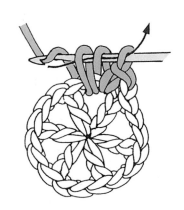

9 每一針都是由前段的鎖針挑束鉤織。

短針

10 第1片完成。相同要領繼續鉤織。

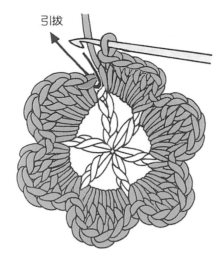

引拔

11 最後和開始鉤織的短針作引拔針接合。

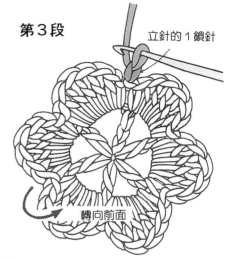

第3段
立針的1鎖針
轉向前面

12 鉤雙層花瓣的台。先鉤1鎖針。

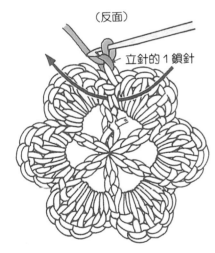

（反面）
立針的1鎖針

13 將織片轉到裏側，鉤針如箭頭穿入。

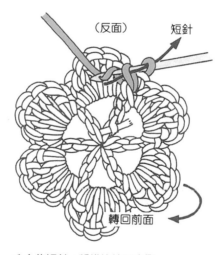

（反面）
短針
轉回前面

14 鉤短針。將織片轉到表側。

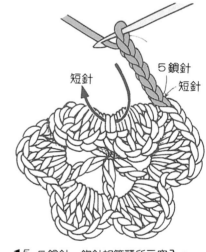

短針
5鎖針
短針

15 5鎖針，鉤針如箭頭所示穿入。

第4段

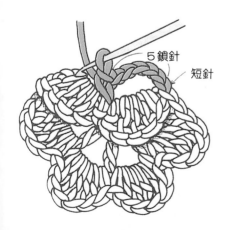

5鎖針
短針

16 鉤短針。反覆**15·16**。

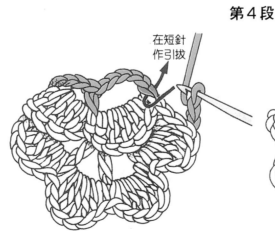

在短針作引拔

17 最後和開始鉤織的短針作引拔接合。

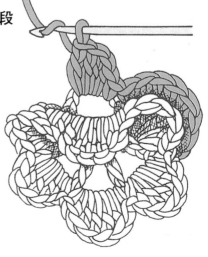

18 與第2段花瓣相同要領編織。

(41)

小葉片

時常與花組合的小葉子A及B。愛麗絲蕾絲是以自然中的花、葉、莖等爲主題，呈現出具有立體感的作品。有如圖案所示的連接法，也有縫在網狀編織中作爲裝飾的方法。

●葉片A

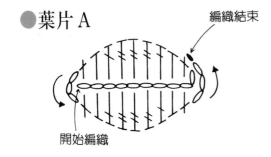

編織結束

開始編織

起針

正面

反面

鎖針的裏山

第1段

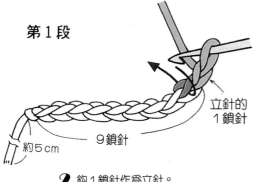

立針的1鎖針

9鎖針

約5cm

2 鈎1鎖針作爲立針。

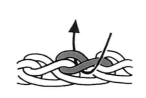

3 挑鎖針的半針及裏山。

短針

4 引線出來再掛線作引拔。

中長針　短針

5 鈎好1短針，接著是中長針。

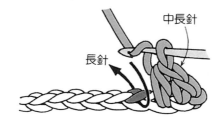

中長針　長針

6 接著鈎長針。

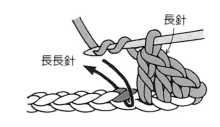

長針　長長針

7 起針均挑鎖針半針及裏山。

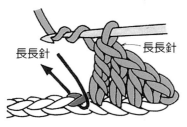

長長針　長長針

8 依記號圖鈎織。

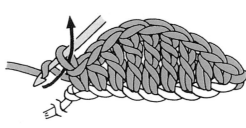

9 鈎3鎖針，將織片反轉。

3鎖針

10 挑起針鎖針所留下來的一條線。

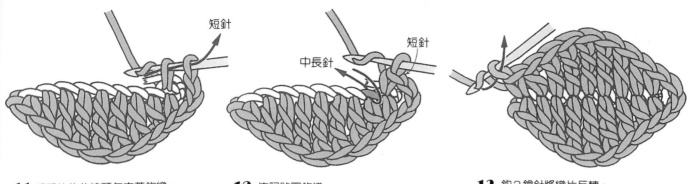

11 將開始鈎的線頭包夾著鈎織。

12 依記號圖鈎織。

13 鈎3鎖針將織片反轉。

14 最後從開始的短針作引拔接合。

15 預留縫合的線長後剪斷線引拔拉出。

●葉片B

起針·第1段

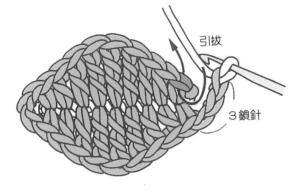

9鎖針

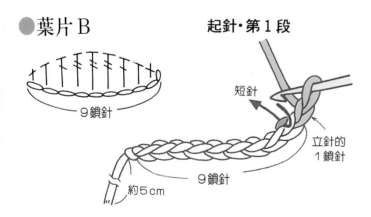

約5cm

1 鈎鎖針爲起針,再鈎立針的1鎖針。

2 挑鎖針的裏山。

3 鈎短針。再依記號圖鈎織。

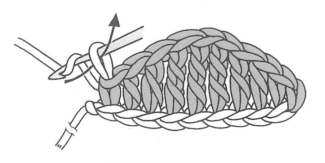

4 最後如箭頭鈎線。

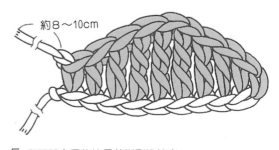

約8〜10cm

5 留下縫合用的線長剪斷引拔拉出。

畝針的葉片

畝針葉片的立體感和薔薇的花很相合。二種圖案花樣的組合非常美麗。此葉片是往返鉤織短針的畝針,能表現出葉脈的纖細感。

起針・第1段

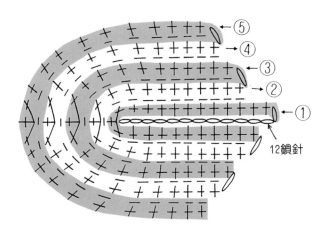

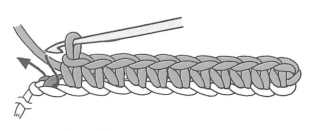

12鎖針

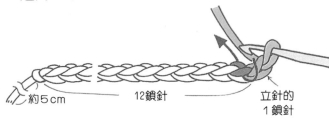

約5cm　　　12鎖針　　　立針的 1鎖針

1 鉤鎖針的起針,再鉤立針的1鎖針。

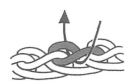

2 挑鎖針的半針及裏山。

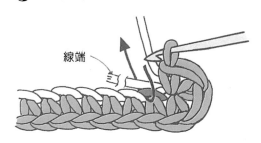

3 鉤12針短針。

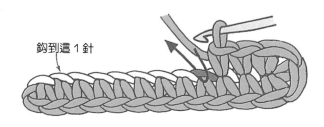

再鉤2針

4 與第12針相同的地方再多鉤2針。

線端

5 將織片反轉,挑剩下的鎖針線。

鉤到這1針

6 將線端包夾著鉤織短針。

第2段

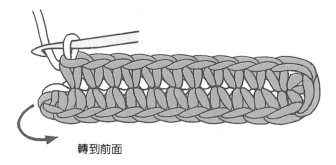

轉到前面

7 鉤到圖示的位置,將織片反轉。

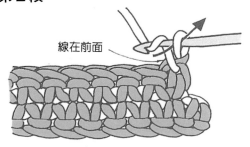

線在前面

8 鉤立針的1鎖針。

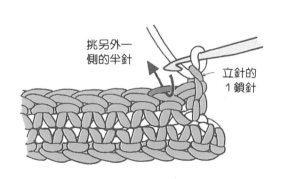

挑另外一側的半針

立針的1鎖針

9 從箭頭位置開始畝針的短針。

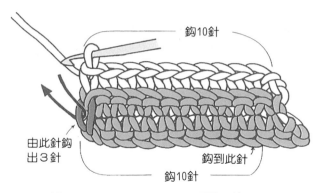

鈎10針

由此針鈎出3針

鈎到此針

鈎10針

10 鈎10針,第11針鈎出3針,再鈎10針。

11 反覆**9**・**10**至第5段。

第3段以後

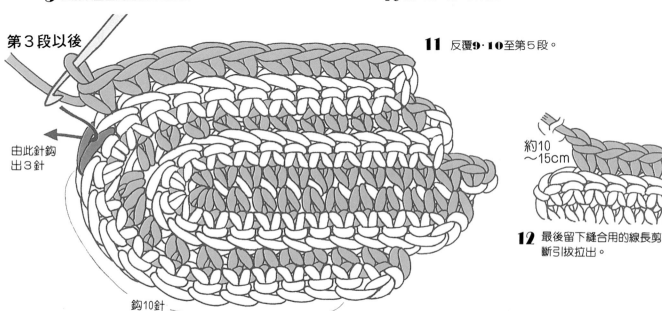

由此針鈎出3針

鈎10針

約10～15cm

12 最後留下縫合用的線長剪斷引拔拉出。

(45)

莖

在花、葉之間加入莖、鬚。下圖是在鎖針上鈎織而成,也有放入蕊線的鈎織方法。

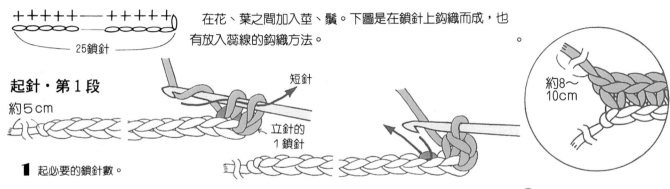

25鎖針

起針・第1段

約5cm

短針

立針的1鎖針

約8～10cm

1 起必要的鎖針數。

2 由鎖針的裏山挑針鈎短針。

3 留縫合用的線長剪斷引拔拉出。

勃留蓋爾蕾絲

勃留蓋爾蕾絲的薔薇茶几墊

㊽

使用達摩蕾絲金40號
製作／本間さき子　鉤織方法見74頁

基本的裝飾帶

勃留蓋爾蕾絲也稱為弓形蕾絲，是將織好的裝飾帶的蕾絲彎曲做成花樣。在此請記住裝飾帶的基本鉤法。

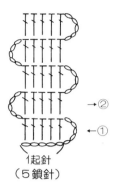

1起針
（5鎖針）

第1段

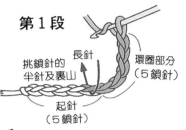

挑鎖針的
半針及裏山
長針
環圈部分
（5鎖針）
起針
（5鎖針）

1 鉤10鎖針，由起針挑針開始鉤織。

2 鉤5長針。

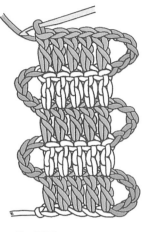

第2段

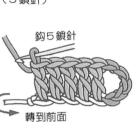

鉤5鎖針

轉到前面

3 鉤環圈的5鎖針，將織片反轉。

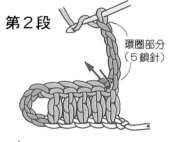

環圈部分
（5鎖針）

4 鉤5長針。

轉到前面

5 鉤5鎖針，將織片反轉到前面。

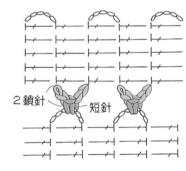

6 重覆**4**、**5**。

47

裝飾帶與裝飾帶的連接方法

●短針的連接方法

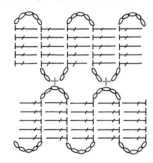

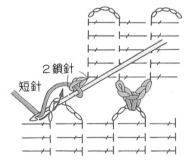

2鎖針
短針

1 由鎖針的環圈挑束鉤短針。

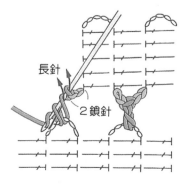

2鎖針
短針

2 鉤2鎖針，再鉤裝飾帶的5長針。

●長針的連接方法

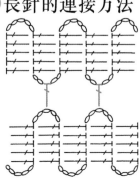

長針
2鎖針

1 由鎖針的環圈挑束鉤長針。

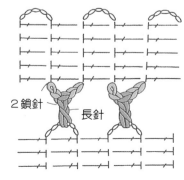

2鎖針
長針

2 鉤織2鎖針，再鉤裝飾帶的5長針。

作出圓弧的方法

　依環圈數不同，可作出不同的弧度。此處介紹不同的方法。環圈少則圓弧鬆、環圈多則圓弧緊。

●以３卷長針與長針將環圈集中的方法

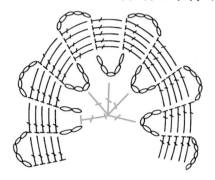 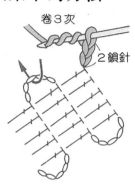  

1 鈎２鎖針，鈎針掛線３次。

2 鈎針穿入環圈的鎖針由束挑針引出線。

3 鈎針掛線引出，是未完成的長針狀態。

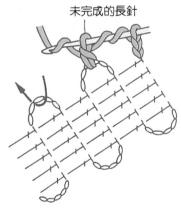  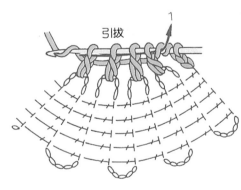

4 鈎針再一次掛線，重覆**2**、**3**鈎織。

5 在４個環圈鈎出４針未完成的長針。

6 鈎針掛線，如箭頭所示５針作一次引拔。

 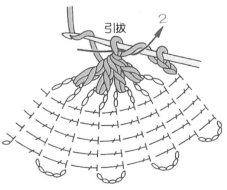 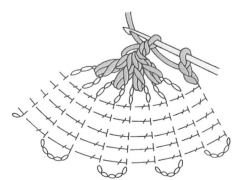

7 鈎針上還留了線圈的狀態。

8 鈎針再一次掛線，將２針一次引拔。

9 鈎針上剩２線圈的狀態。

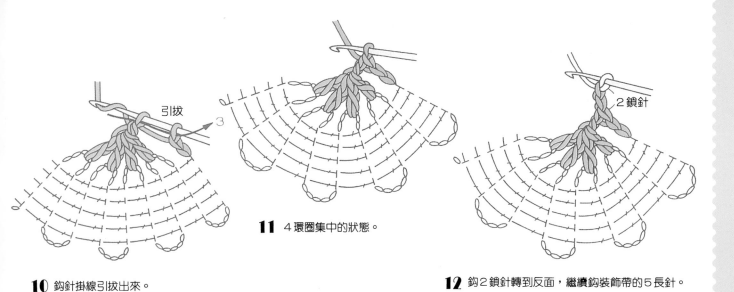

10 鉤針掛線引拔出來。

11 4環圈集中的狀態。

12 鉤2鎖針轉到反面，繼續鉤裝飾帶的5長針。

●以短針集中環圈的方法

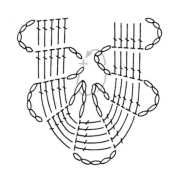

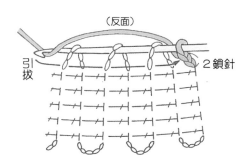

1 將織片反轉鉤2鎖針，鉤針穿入3環圈 (各5鎖針)中。

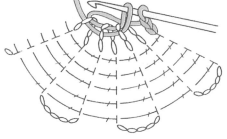

2 鉤針掛線一次引出。

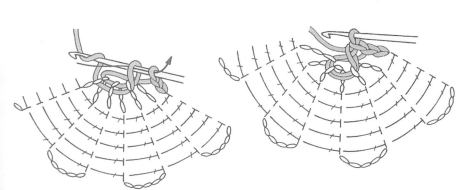

3 再一次掛線引出。

4 以短針集中環圈的狀態。此短針鉤 緊一些。

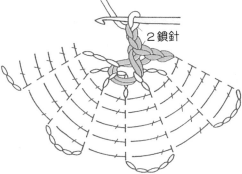

5 鉤2鎖針後轉回正面，繼續鉤裝飾帶的5 長針。

開始與結束的連接方法（輪狀接合）

●斜針縫　　初學者易懂的最簡單方法。

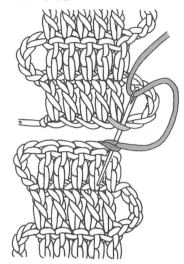

1 將線穿過縫衣針，將起針的鎖針半針
與最後一段的長針針頭連接的方法。

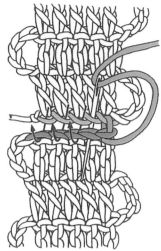

2 如箭頭所示 1 針 1 針縫合。

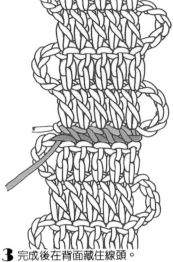

3 完成後在背面藏住線頭。

●以長針連接的方法 A

稍微厚一點，但是易懂的方法。
最後一段要在裏側，所以一定要鈎偶數段。

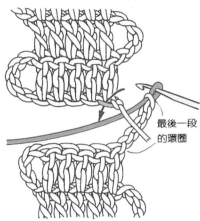

最後一段
的環圈

1 鈎完最後一段的環圈（5 鎖針）後，
如箭頭所示，針穿入起針的針目。

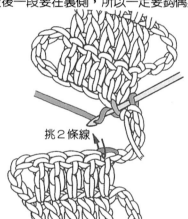

挑 2 條線

2 鈎針掛線穿入前段長針的針頭將線引
出來。

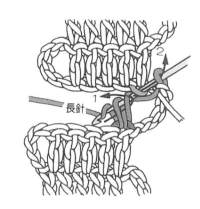

長針

3 再掛一次線將線引出鈎長針。

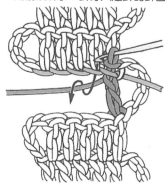

4 同樣的第 2 針也鈎長針。

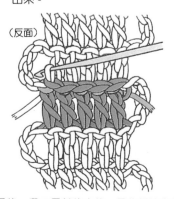

（反面）

5 最後一段 5 長針鈎完後，最後將線由針目
中穿出，藏線頭。

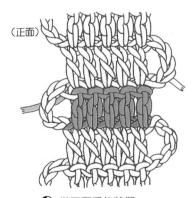

（正面）

6 從正面看的狀態。

●以長針連接的方法B

開始不鉤起針的方法。是接合的針目最不明顯的正式連接法。

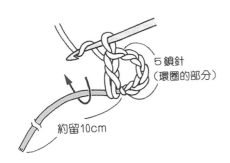

5鎖針
（環圈的部分）

約留10cm

1 開始的線頭約留10cm後鉤5針鎖針，線端當蕊心鉤織長針。

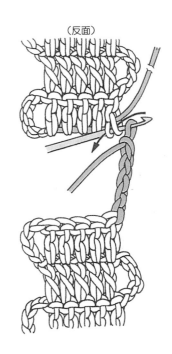

（反面）

→第1段

暫時將鉤針拔出針目

5鎖針
（環圈部分）

→最後一段
的前一段
（奇數段）

2 最後一段的環圈部分（5鎖針）鉤好後，暫時將鉤針拔出針目，再如箭頭般將針穿入。

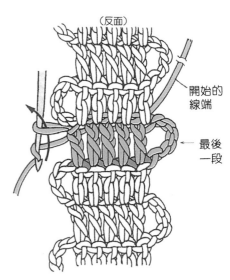

（反面）

3 接著再穿入剛剛拔出的針目，將針目引出來。

51

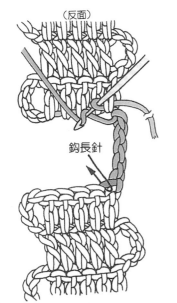

（反面）

鉤長針

4 鉤針掛線穿入前段長針的針頭鉤出長針。

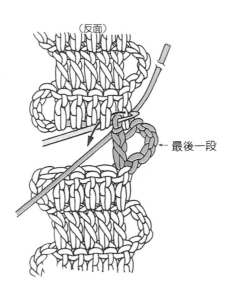

（反面）

→最後一段

5 重覆2～4，鉤最後一段的長針。

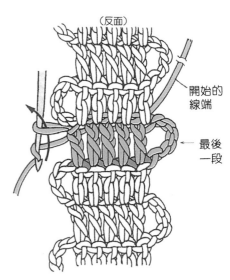

（反面）

開始的線端

→最後一段

6 最後將線端由針目中穿出拉緊後藏線頭。開始的線端也一起藏好。

裝飾帶的變化

每段表裏邊換向邊鉤織，開始一定要鉤鎖針的環圈的裝飾帶。只要改變寬度、再加入交叉編織、或加入貝殼編織等，給裝飾帶作少許變化，就能展現出完全不同的作品。

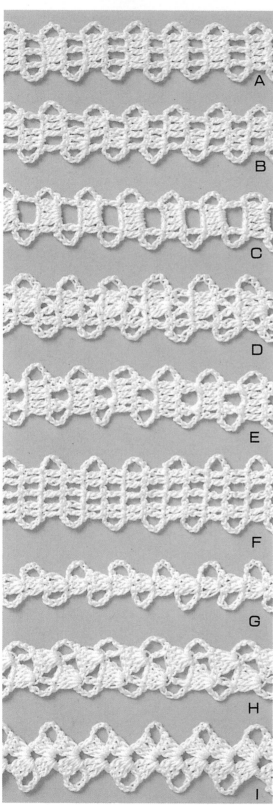

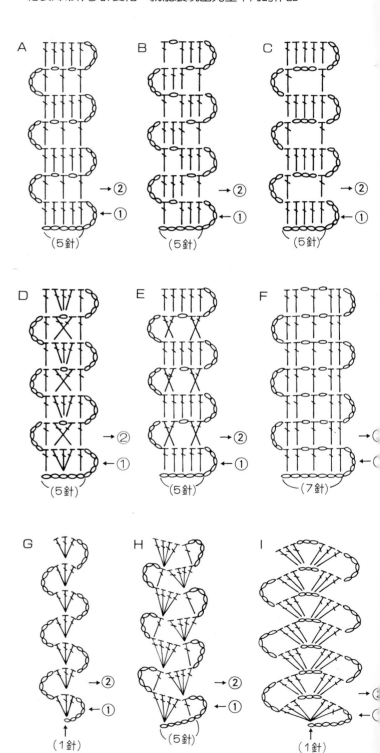

使用達摩鴨川線30號　　設計／本間さき子

滾邊蕾絲的變化

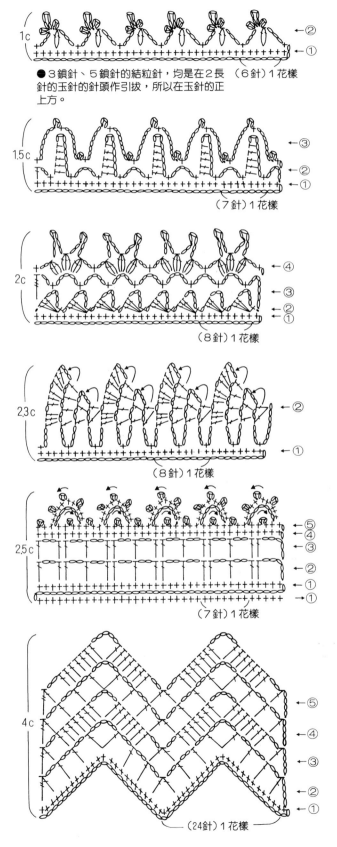

●3鎖針、5鎖針的結粒針，均是在2長　（6針）1花樣
針的玉針的針頭作引拔，所以在玉針的正
上方。

使用奧林匹斯金票40號蕾絲線　　　設計／鈴木陽子

滾邊蕾絲的變化

使用奧林匹斯金票４０號蕾絲線　　　設計／鈴木陽子

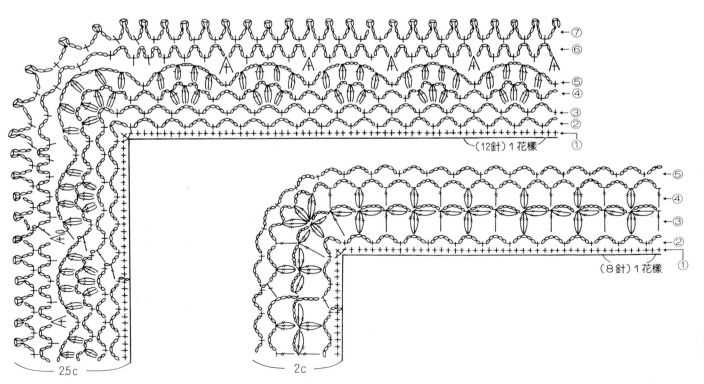

滾邊蕾絲的 接合方法

鑲在布邊緣的蕾絲，稱爲滾邊蕾絲，有直接鈎在布上及另外鈎織後再縫於布上二種方法。與布組合更能顯出蕾絲的魅力，請配合作品選擇適合的寬度蕾絲。

●直接鈎在布上的方法

用布熨斗燙平後，沿著布紋剪裁。

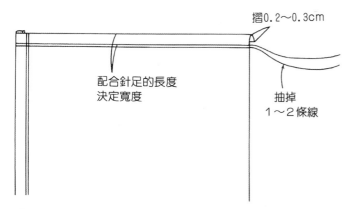

摺0.2～0.3cm

配合針足的長度決定寬度

抽掉1～2條線

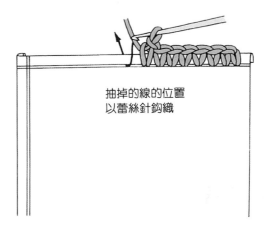

抽掉的線的位置以蕾絲針鈎織

1 第1段若是短針的場合，這裏折入0.2～0.3cm（短針的高度），折入的寬度內的位置抽掉1～2條線。

2 抽掉的線紗的部分，以蕾絲針鈎短針，此方法可使布邊的針目整齊美觀。

●另外鈎好再縫上的方法

首先將布邊修飾好後，再將滾條縫上。

布邊的修飾

用縫紉機車縫

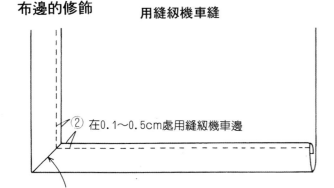

② 在0.1～0.5cm處用縫紉機車邊

① 角落折成框狀

藏針縫

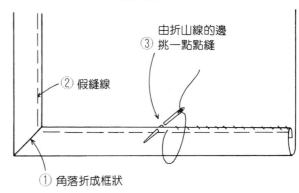

由折山線的邊
③ 挑一點點縫

② 假縫線

① 角落折成框狀

接合的方法

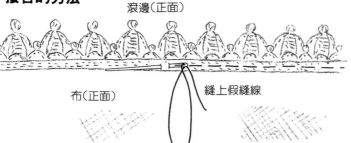

滾邊（正面）

布（正面）

縫上假縫線

1 布與滾邊對好，用固定針固定後，縫上假縫線。

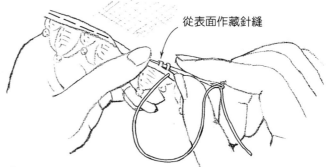

從表面作藏針縫

2 看著表面作藏針縫。接著從內面將布邊及滾邊作斜針縫的美麗修飾。

邊鈎邊接合

●以引拔針作連接

使用在網狀編織的圖案花樣，最後一段邊織邊連接的方法之一。一般而言，如果網狀編織，1山是5鎖針時，就在第3針連接，7鎖針就在第4針連接，以在1山的中心連接爲原則。

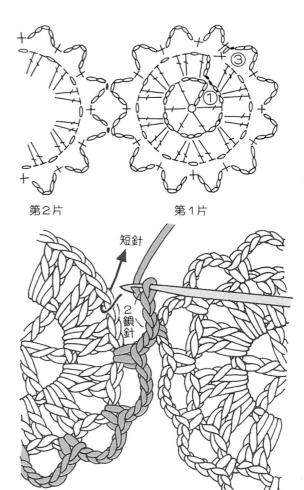

第2片　　　　　　第1片

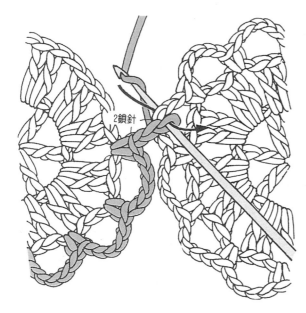

1 鈎2鎖針，鈎針穿入第1片圖案花樣的網狀編織1山中。

2 包夾住作引拔，再鈎剩下的2鎖針。

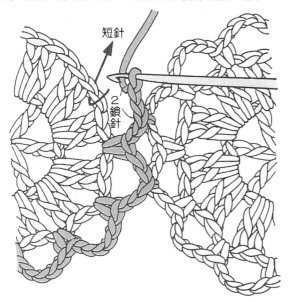

3 在原來的圖案花樣處鈎短針，第2山也與**1**、**2**相同要領。

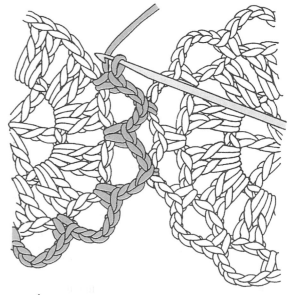

4 2山連接完成。

●以引拔針連接4片

這是將4片圖樣花樣集中的方法。網狀編織的1山的中心連接，第3片、第4片均在第2片引拔針的針足的線作引拔。

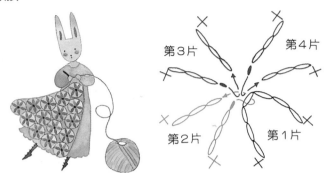

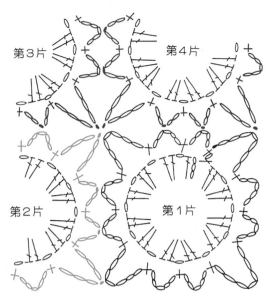

1 鉤3鎖針，在第1片的圖案花樣的網狀編織1山作引拔。

2 鉤剩下的3鎖針，回到原來的圖案花樣。

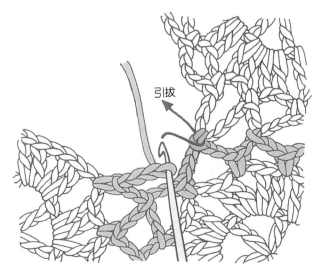

引拔

3 第3片鉤3鎖針，鉤針穿入第2片的引拔針的針足（箭頭位置）作引拔。

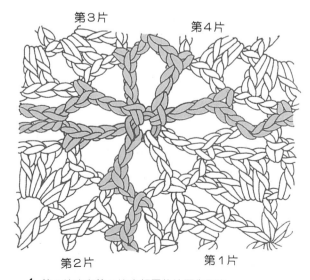

第3片　　　　第4片

第2片　　　　第1片

4 第4片也與第3片由相同的位置作引拔。

57

●以短針連接

這是使用在網狀編織的作品，邊鉤最後一段邊連接的方法之一。與引拔連接的要領相同，但圖案花樣與圖案花樣之間的空隙較鬆些，因為短針的針足有些長度。

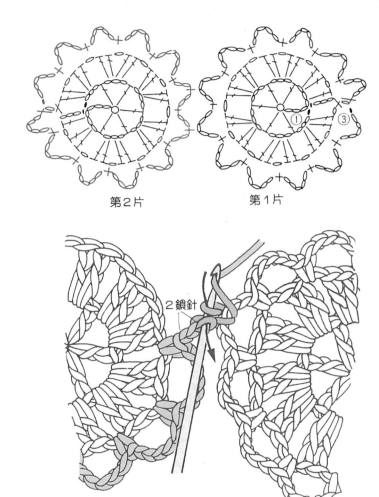

第2片　　　　　　第1片

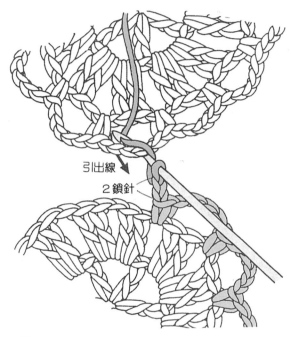

1 鉤2鎖針，鉤針穿入第1片圖案花樣的網狀編織的1山中，掛線引出線來。

2 再掛線依箭頭引出線來。

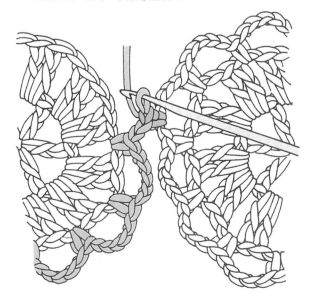

3 短針完成。短針向內。

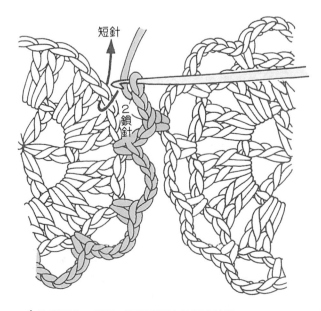

4 鉤剩下的2鎖針，再回到原來的圖案花樣。

● 在花瓣的尖端以長針連接

這是利用花瓣尖端等，鎖針之外以相同的針目
的連接方法。鈎到想連接的前 1 針，暫時將鈎針
由針目拔出，穿入另一片圖案花樣作連接，也可
以連續作好幾針的連接。

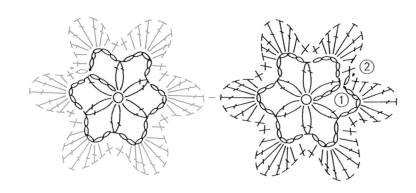

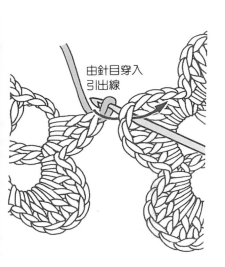

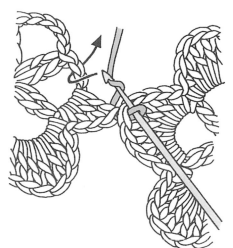

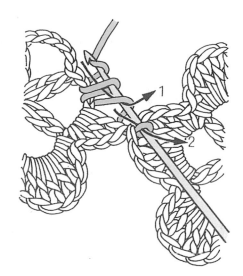

由針目穿入
引出線

1 鈎到中心針目的前 1 針，暫時將鈎針
由針目拔出、穿入緊鄰的圖案花樣的
中心針，將剛拔開的針目引出來。

2 鈎中心的針目長針。鈎針掛線，由
鎖針挑束掛線鈎出。

3 再掛線引拔依數字順序反覆操作。

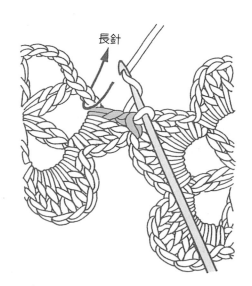

長針

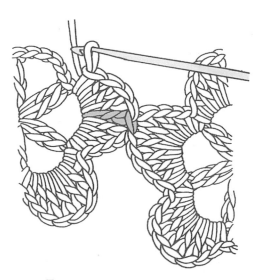

4 接著回到原來的鈎織方法。

5 花瓣 1 片連接完成。

最後連接

●在花樣之間以網狀編織連接

　先鈎好圖案花樣的必要數量，最後再鈎其他花樣連接的方法。首先橫向連接，接著縱向連接，4片集中處在中心的針目作引拔針則很漂亮。

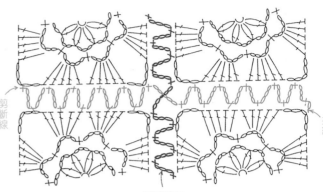

剪斷線

接線

最後連接

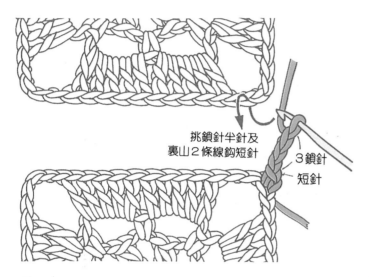

挑鎖針半針及
裏山2條線鈎短針

3鎖針

短針

1 由圖案花樣的角落的鎖針的半針及裏山接線開始鈎織。

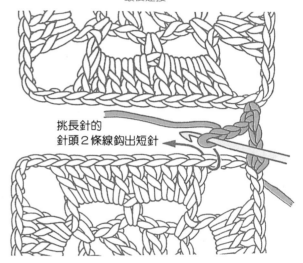

挑長針的
針頭2條線鈎出短針

2 在上面圖案花樣的記號圖的位置鈎短針。由鎖針半針及裏山挑針鈎織。

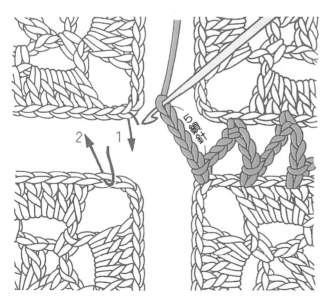

2　1

5鎖針

3 接下來移到下一個圖案花樣也是相同要領。

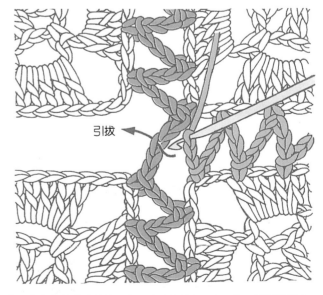

引拔

4 4片圖案花樣集中的地方，鈎2針鎖針，在**3**的5鎖針的第3針作引拔針。

●空間以網狀編織填補

圖案花樣與圖案花樣之間,以簡單的網狀編織填補的方法。調節針目及鎖針數,使圖案花樣平坦。

1 做最初的針目,由網狀編織的1山穿過。

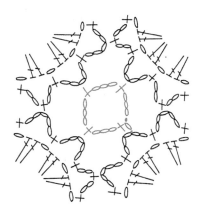

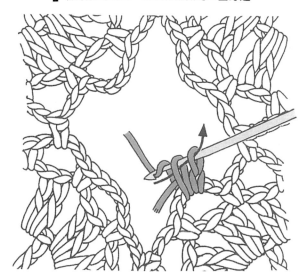

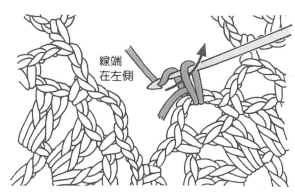

線端在左側

2 將線頭包夾住鈎1鎖針。

3 相同要領鈎1短針。

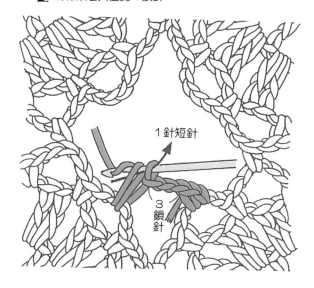

1針短針

3鎖針

4 鈎3鎖針,移往下一圖案花樣。

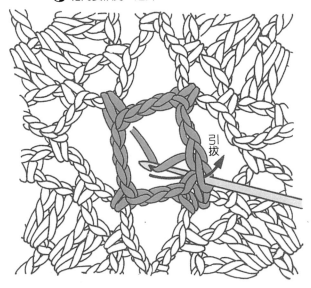

引拔

5 最後在開始的短針作引拔。

⑥①

美麗的修飾方法

　　鉤織作品時，當然要邊鉤邊注意針目是否平整，花樣是否漂亮，鉤織完成後不要怕麻煩，仔細地將作品修飾一番。修飾的手法關係到一件作品的好壞。

●修飾時的必要用具

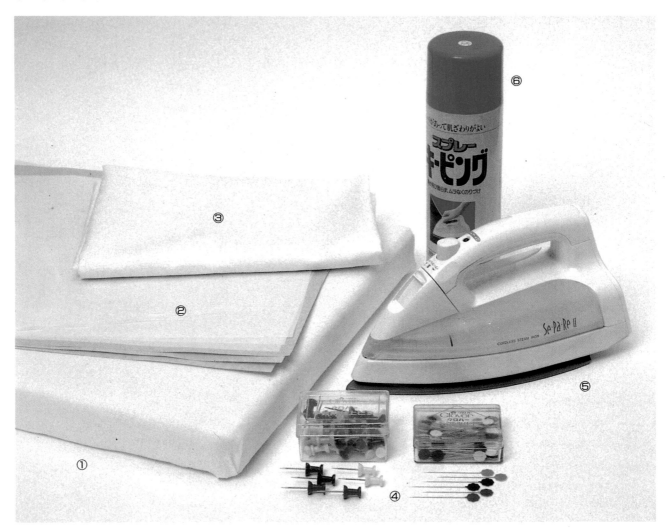

①燙衣台（大件作品燙衣台不夠用時，請以乾淨毯子舖上白布代替）
②紙型：描圖紙、牛皮紙等
③白布：漂白布木棉等（準備2～3塊，以免燙衣台顏色染污）
④固定針或手藝用仕上針
⑤熨斗
⑥噴霧糊

●修飾前的檢查重點

①線頭、線尾是否藏好。
②中途連接處及接線處的線端是否藏好。
③作品的整理。網狀編織的場合，檢查鎖針中央的短針是否鉤好。

④檢查是否有污漬或沾染色，如果有就用漂白劑處理，在未乾時邊拉邊整理作品。
⑤作品不平整時，從反面輕燙也可以。

●修飾方法

等作品的針目平穩後再修飾。書上所表示的完成尺寸,是
修飾後的尺寸,一般編織完成時的尺寸比書上尺寸小。蕾

絲編織稍微伸展些較美。

A　作品下放紙型的場合(使用描圖紙)

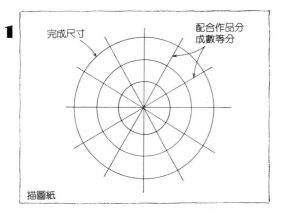

1

完成尺寸

配合作品分
成數等分

描圖紙

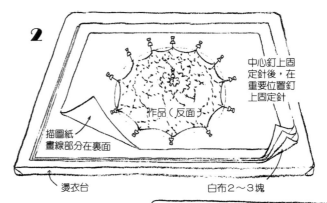

2

中心釘上固
定針後,在
重要位置釘
上固定針

作品(反面)

描圖紙
畫線部分在裏面

燙衣台

白布2～3塊

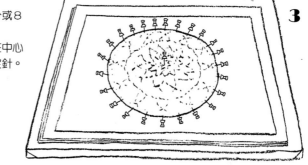

3

①做紙型。圓形作品時參考完成尺寸畫圓。接著配合作品花樣數畫出6等分或8
　等分等分割線。
②依燙衣台、白布、紙型(反面向上)、作品(反面向上)的順序排好。首先在中心
　處訂上固定針,然後花樣配合紙型的分割線,將作品伸展,沿線釘上固定針。
　固定針往作品中心斜向釘入。
③邊整理形狀使其變得更纖細。
④用噴霧糊噴2、3次。
⑤避免日光直射(因為容易變色),放在通風佳的地方風乾。
⑥完全乾了之後再將固定針取下。

63

B　作品上放紙型的場合(使用牛皮紙)

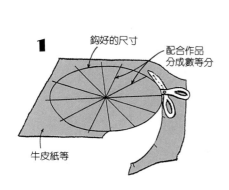

1

鉤好的尺寸

配合作品
分成數等分

牛皮紙等

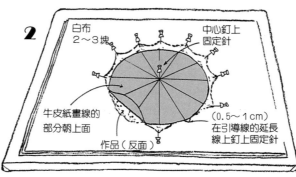

2

白布
2～3塊

中心釘上
固定針

牛皮紙畫線的
部分朝上面

作品(反面)

(0.5～1cm)
在引導線的延長
線上釘上固定針

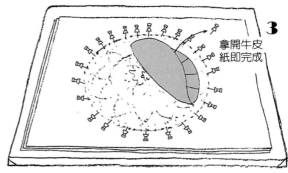

3

拿開牛皮
紙即完成

①以自己完成的尺寸畫圓,接著配合作品的花樣數畫出分割線、將圓剪下。

②依燙衣台、白布、作品(反面向上)、紙型(表面向上)的順序排好。首先在中心
　釘上固定針,花樣配合紙型的分割線,將花樣拉往分割線的延長線0.5～1cm
　後釘上固定針。固定針往中心斜向插入。

③邊整理形狀,使其纖細,取下牛皮紙。

④～⑥與A相同要領

●洗濯方法

鈎織完成後若有污染的情形，記得在鈎下一件蕾絲作品前，務必先將手仔細洗乾淨。作品使用過後污染時，洗濯後記得加以作漂亮的修飾。

①用溫水泡中性洗劑清洗，輕壓、輕揉後用清水沖淨。再以毛巾將水分吸乾。
②置於通風佳之處陰乾，在半乾時邊拉邊整理。
③依前頁要領修飾。

●作出漂亮波浪花邊的方法

要使花邊美麗有點訣竅，在此介紹簡單的方法。

1 依前頁要領修飾，單單將花邊部分向縱方向用力拉，以固定針固定。成為比完成尺寸還大的圓，讓花邊部分的針目平坦。固定針數量多的時候，使用仕上用針比較方便。以噴霧糊在花邊部分吹4、5次，待完全乾。未乾時取下固定針就沒有作出漂亮的波浪花邊。一定要等完全乾後才能取下固定針。

2 作品翻回表面，將縱向伸展的花邊部分，以雙手輕壓向橫的方向稍拉。也有以熨斗前端部分將花邊的針目橫向燙寬使成波浪花邊方法。

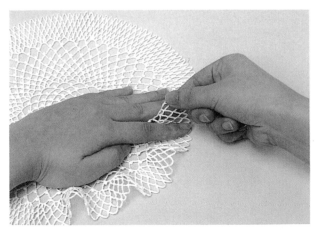

3 將波浪花邊整理出來。用左手食指及中指夾住花邊，右手的食指放在織片中間，大拇指在外，以夾的方式向上及外側拉。

4 波浪花邊的完成。

●保管方法

美麗的蕾絲編織，應該小心保管，以便隨時可用。作品避免受潮，保管在櫥櫃的場合，也得先舖報紙，再舖白紙，以避免濕氣入侵。保管場所一定要放乾燥劑、防蟲劑。

A 小作品的場合

作品及日本紙交互重疊

日本紙或白布

作品數多的場合，以作品及日本紙2～3張或白布交互重疊保管。

B 長作品的場合

收藏場所的寬（櫥櫃等）

日本紙或白布

以日本紙或白布捲成蕊心

配合收藏場所的寬度（櫥櫃等）伸展，兩端放置著用日本紙或白布捲成的蕊心，如圖所示。小心不要有折痕。四周放防蟲劑、乾燥劑。

C 寬的作品的場合

比櫥櫃深的作品

捲起

日本紙或白布

以日本紙或白布當蕊心、參照圖的要領捲起保管。

D 直徑大的作品

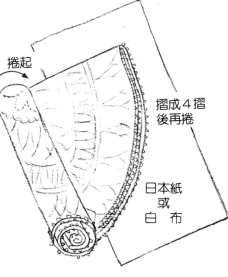

捲起

摺成4摺後再捲

日本紙或白布

C、D 捲好的狀態。

作品四摺，以日本紙或白布當蕊心，如圖要領捲曲保管。使用前將四處的摺痕從反面輕輕的燙平。

E 立體作品的場合

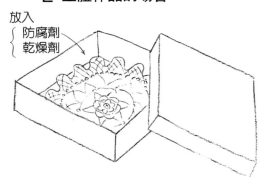

放入 { 防腐劑 乾燥劑

有波浪花邊的作品、立體的圖案花樣等的作品應配合其深度放入盒內保管。

編目記號及 鈎織的方法

　　鈎針鈎織的蕾絲的針目可以用各種記號表現。看起來雖然是複雜的記號圖，但也是由鎖針、短針、長針等基本針目組合成的。只要正確了解編目記號的名稱、鈎織方法，並熟悉記號圖的看法（P.6），就可以看記號圖鈎出各種織片。

　　編目記號是表示編目狀態的記號，依日本工業規格（JIS）所制定的，一般稱爲JIS記號。使用此記號在表示織片時，

是由表面（使用時的表面）所看到的組織圖來決定，但鈎針編織，除了表引針、裏引針之外，沒有表面與裏面的區別，所以平編中即使有表裏交互出現，記號也相同。

　　JIS的短針記號爲×，但本出版社的書中的短針記號使用十。這是考慮到容易表現的各項優點。有關於短針的記號也以此爲準作變更。

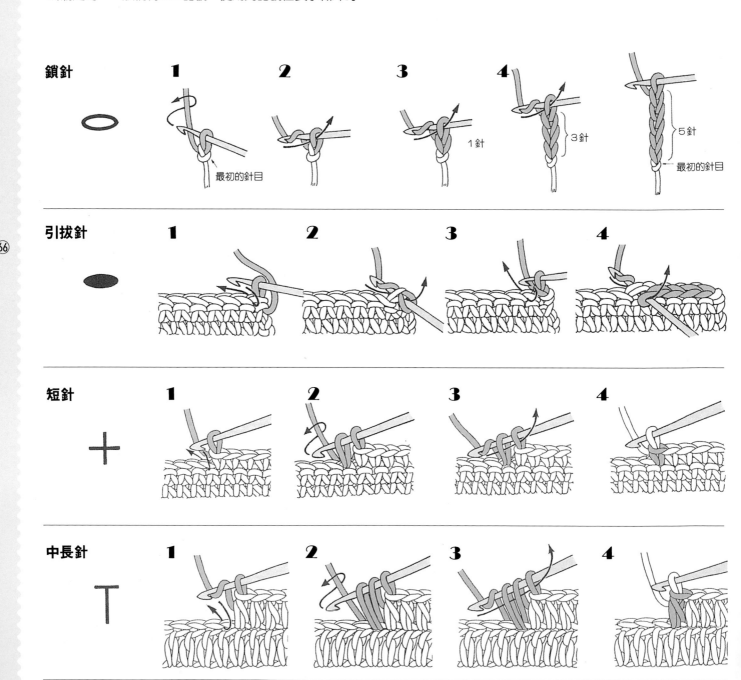

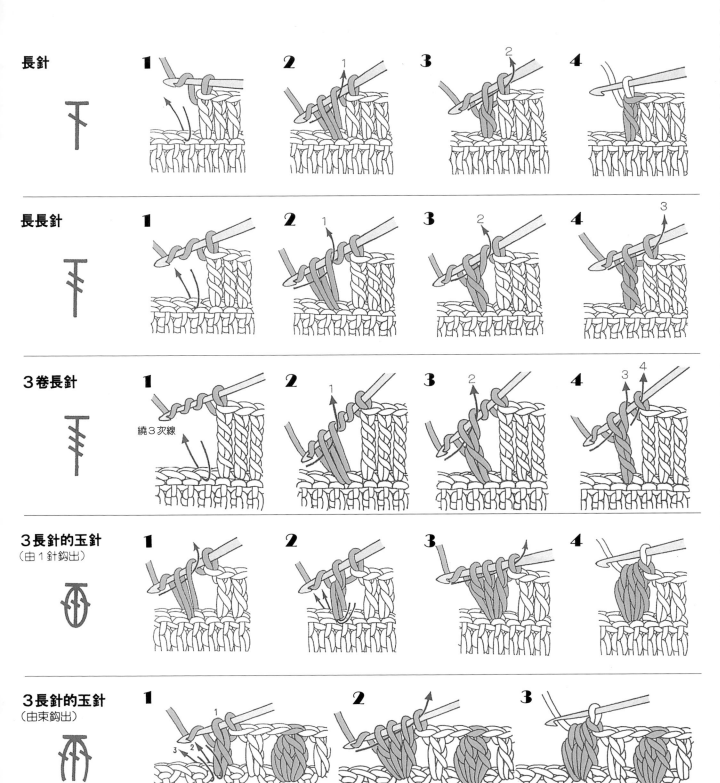

長針

1 **2** **3** **4**

長長針

1 **2** **3** **4**

3卷長針

1 繞3次線 **2** **3** **4**

3長針的玉針
（由1針鉤出）

1 **2** **3** **4**

3長針的玉針
（由束鉤出）

1 **2** **3**

由1針鈎出2短針 **1** 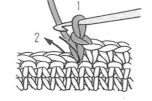 **2**  **3**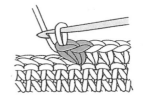

由1針鈎出2長針 **1**  **2** 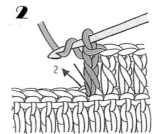 **3** 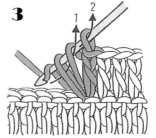 **4**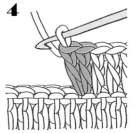

短針的2併針 **1** 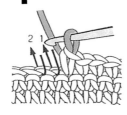 **2** 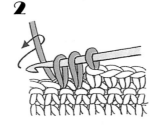 **3** 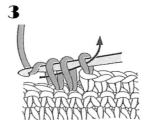 **4**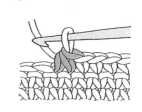

長針的2併針 **1** 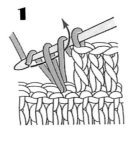 **2** 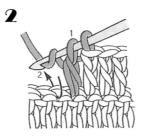 **3** 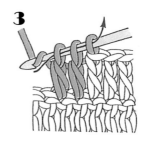 **4**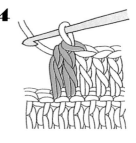

短針的畝針 **1**  **2** 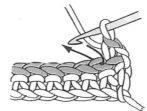 **3** 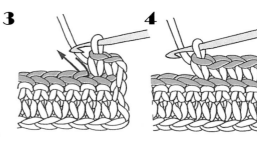 **4**

3鎖針的結粒針

1 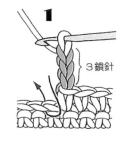 3鎖針

2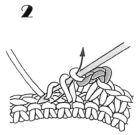

3

4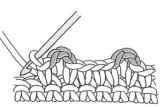

3鎖針的引拔的結粒針

1 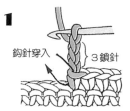 鉤針穿入　3鎖針

2 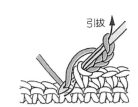 引拔

3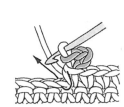

4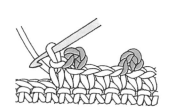

3鎖針的短針的結粒針

1 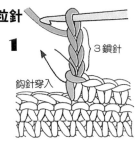 3鎖針　鉤針穿入

2 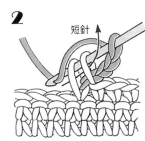 短針

3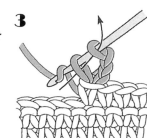

4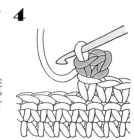

由1針鉤出5長針
（松編）

1 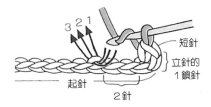 3 2 1　短針　立針的1鎖針　起針　2針

 5 4

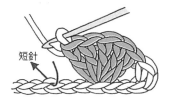 短針

1針鉤出4長針
（貝殼編織）

1 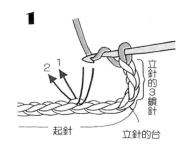 2 1　立針的3鎖針　起針　立針的台

2  4 3　1鎖針

1長針交叉針

1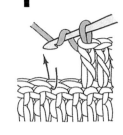

2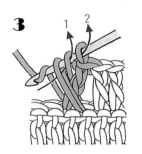

3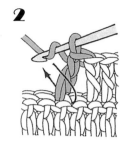

4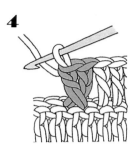

Ｙ字針

1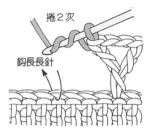

捲2次
鈎長長針

2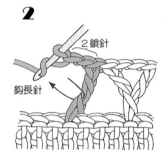

2鎖針
鈎長針

逆Ｙ字針

1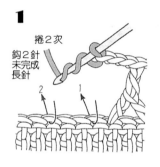

捲2次
鈎2針
未完成
長針

2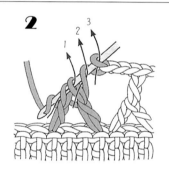

3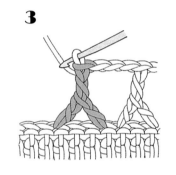

1

捲2次

立針的
4鎖針

― 起針   立針的台

2

3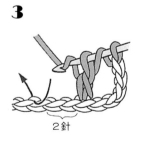

4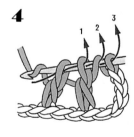

2針

5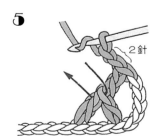

2針

6

7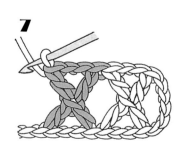

波浪花邊的簡單的茶几墊　[20頁作品]

●材料及用具
　線…奧林匹斯金票40號蕾絲
　線，白（801）14 g
　針…可樂牌蕾絲針8號
●成品尺寸　直徑24.5㎝
●鉤織方法
①與第4段相同要領，在第11
段及第20段增加山數，成為
144山。（參照22頁）

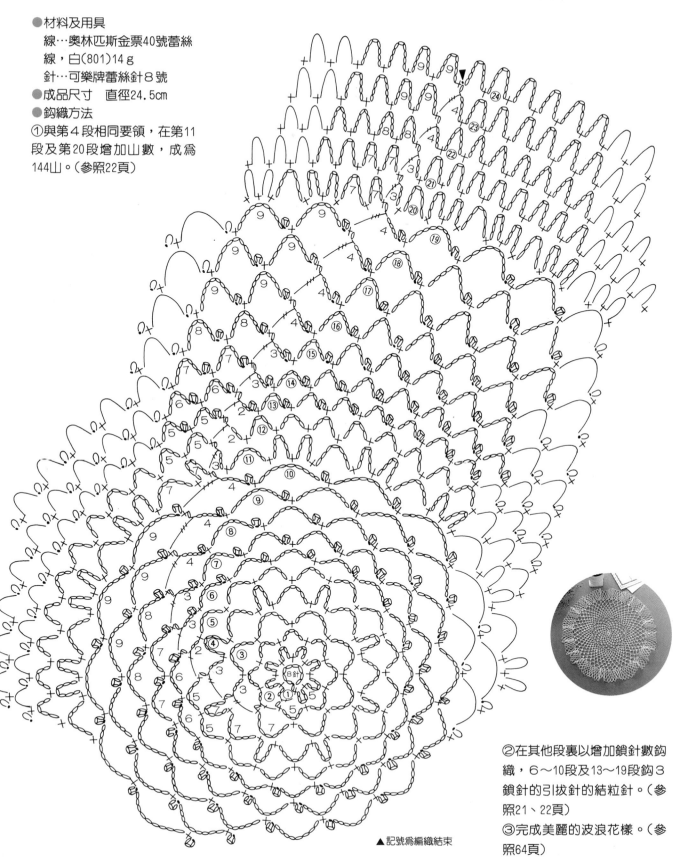

▲記號為編織結束

②在其他段裏以增加鎖針數鉤
織，6～10段及13～19段鉤3
鎖針的引拔針的結粒針。（參
照21、22頁）
③完成美麗的波浪花樣。（參
照64頁）

可愛的心型茶几墊 [28頁作品]

●材料及用具
線…達摩蕾絲金線40號，白
(298)13 g
針…可樂牌蕾絲針8號
●成品尺寸　21cm×22cm
●鉤織的方法
第1段及開始鉤織增加的長針
時，是挑鎖針的裏山。（線頭
處理好。）
①首先從右側開始鉤織。

②第2段開始增加方格時，第
3段起加入花樣。（參照30、
31頁）
③第7段作斜線的加針（參照
36頁），此外則以增加方眼針
（參照32、33頁）。
④第9段鉤到5鎖針後，線約
留20cm剪斷，先這樣擱放
著。

⑤左側也依②③要領鉤到第9
段，接著將鉤針由針目拔開，
將鉤針穿入在④休息的針目
中，依圖的位置作引拔連接。
（參照37頁）
⑥回到左側的針目，鉤第10段
時，中心將鎖針作分割的挑
針。（參照37頁）
⑦第16～37段作方眼針的減針
（參照34、35頁），第38～40層
斜線的減針。（參照36頁）

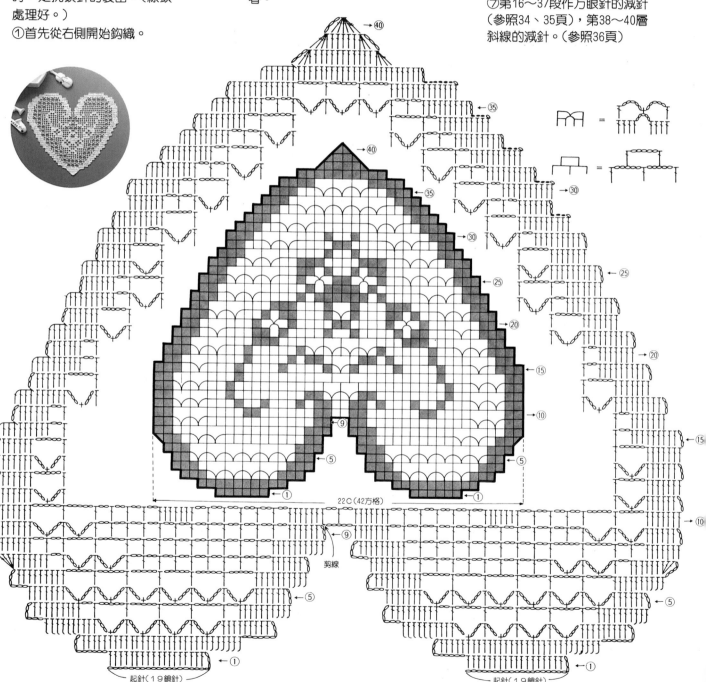

野薔薇的茶几墊　[38頁作品]

●材料及用具
線…達摩蕾絲金線40號。白(298)
10 g
針…可樂牌蕾絲針8號

●成品尺寸　直徑17cm、花…
直徑3.5cm、葉…1.8cm×3.3cm
●鉤織的方法
①依網狀編織的要領鉤到18段，

在第14段及第16段增加網狀的山數
成為36山。
②第19段的最後一段，在圖的位置
鉤加入5針的引拔針的結粒針及短
針。
③花參照40、41頁鉤到第6段，
葉子和44、45頁相同的鉤織。
④剩下的線將花及葉子縫在網狀織
片上。

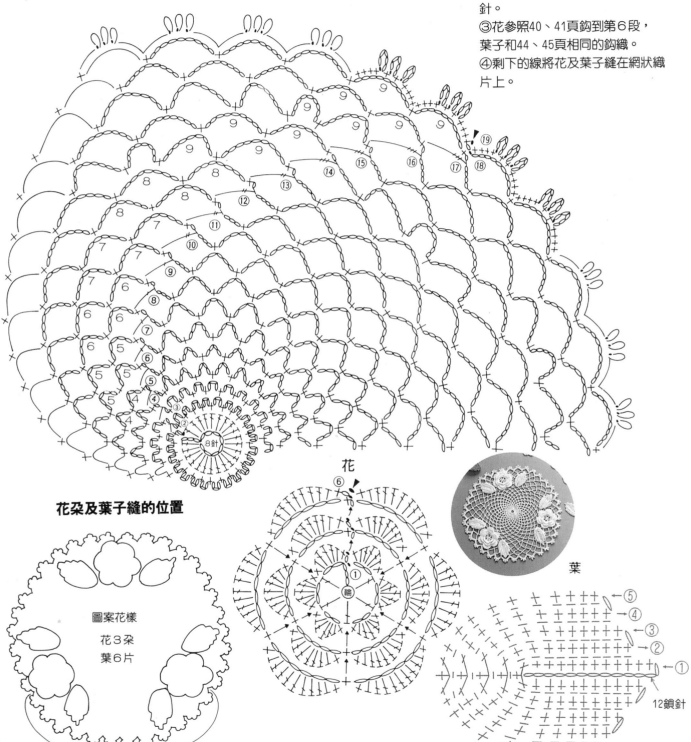

花朵及葉子縫的位置

圖案花樣

花3朵
葉6片

12山

花

葉

8針

12鎖針

▲印是編織結束處

勃留蓋爾蕾絲的薔薇茶几墊 ［46頁作品］

●材料及用具
●線…達摩蕾絲金線40號，白（298）
　7g
　針…可樂牌蕾絲針8號
●成品尺寸　直徑14cm
●鈎織的方法
①首先鈎外側的方形的裝飾帶。
②鈎到第9段，鈎完2鎖針後集中作成圓弧。（參照48、49頁）
③鈎2鎖針再鈎第10段。

④鈎第18段，鈎好2鎖針後以短針集中作成圓弧。（參照49頁）
⑤鈎第20段，鈎好2鎖針後以短針的連接方法連接。（參照47頁）
⑥鈎第31段，鈎好2鎖針後以長針的連接方法連接。（參照47頁）
⑦鈎完第160段後，線約留15cm剪斷，以縫針作斜針縫連接。（參照50頁）

A 薔薇花

⑥在※處繼續

輪
①

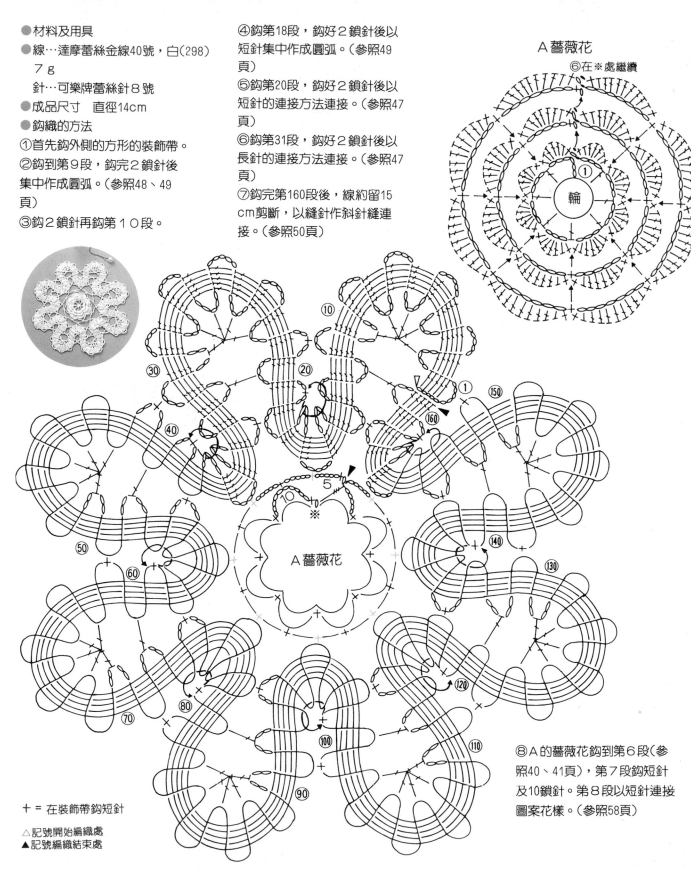

A 薔薇花

+ = 在裝飾帶鈎短針

△記號開始編織處
▲記號編織結束處

⑧A的薔薇花鈎到第6段（參照40、41頁），第7段鈎短針及10鎖針。第8段以短針連接圖案花樣。（參照58頁）

初版第一刷：1997年8月　●　初版三刷：1999年1月